從食補身，常民餐桌上的
養生湯水良方與飲食故事

# 四季裡的

# 港式

包周 著

# 湯水圖鑑

HONG KONG

Homemade Soups
Delicious Tonics For All Season.

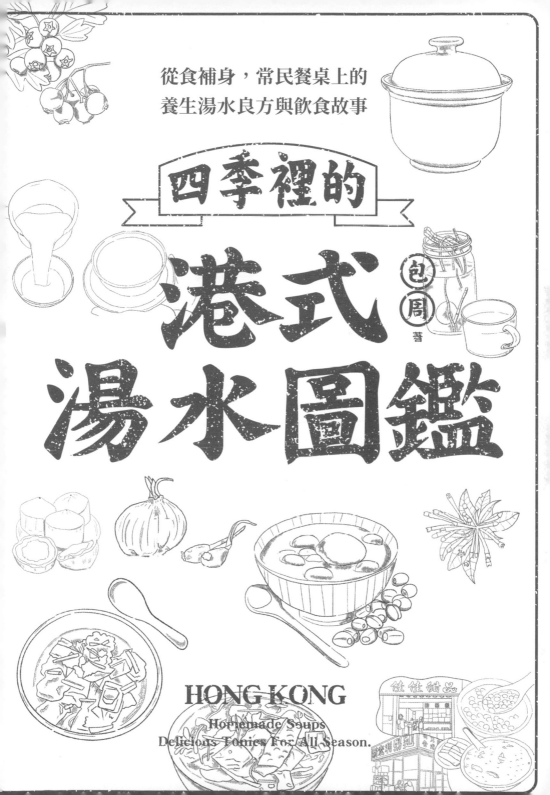

# CONTENTS 目錄

# CHAPTER **3**
## 春夏時節的港式湯水

# CHAPTER 4
# 秋冬時節的港式湯水

# 推薦序

「有香港太太天天煲湯，你好幸福！」從嫁來台灣第一天，我身上環繞著「煲湯」光環。

廣東人最重視湯水文化，依據季節及喝湯人的體質，搭配出春天祛濕、夏天降火、秋天潤燥、冬天補虛的湯品。

湯療的妙方與忌食，廣東人從小耳濡目染，不知不覺刻在腦袋中。

「感冒不能喝雞湯！」廣東人的父母叮嚀孩子。

「西醫說感冒要多喝雞湯殺死病菌！」我像個無知婦孺被台灣朋友「糾正」。

香港與台灣，地域、文化及很多觀念都不同，異鄉人深切體會！

作者包周，是我最欣賞的台灣飲食作者之一，對食物的好奇心及追尋真理有過人毅力。2016 年的著作《設計在韓食》將飲食文化中感性的食物美學與文化風俗，用理性的邏輯分析解讀，每章鋪陳的故事充滿生活趣味，第一次看食譜書會像追小說般追下去！

婚後定居香港的她「沉迷」於港式湯水研究，煲湯功力遠勝香港同輩女生！

《四季裡的港式湯水圖鑑》喚起我在香港生活時的回憶…

「夏天也喝湯」，夏天喝媽媽的「清補涼」喝到大汗淋漓來解熱！

「薑是老的辣」，除了嫩薑老薑，還學到不同形態的薑，功效大不同！

「港式糖水的用糖研究」，糖也是食療，吃糖有理！

書中的食譜都是包周做給先生的日常湯水紀錄，味道親民，做法易懂。配上「港式湯水食養常用食材表」及「湯水食材及名稱對照表」，台灣讀者可輕鬆利用本地豐富的食材做港式煲湯，一年四季，為家人獻上愛心靚湯。

嫁到香港的台灣媳婦，現在身上同樣圍繞著「煲湯」的光環呢！

料理及廚電顧問

JJ 老師（JJ5 色廚）

# 廚師的湯，唱戲的嗓

在中菜裡，湯實在太重要了。一碗飽滿食材精華的好湯，風味可能來自乾貨的鹹鮮、蔬果的甜美、澱粉的美意，又或者季節蔬果，一起在碗中交融出和諧的味道。一口下肚，心也暖了起來。這是湯的魅力。

我聽聞過非常多位做西餐的廚師，如何費心在菜單中安排上一盅充滿鮮味的暖湯，因為台灣人太愛喝湯了！要喝湯才會感覺吃了一頓好飯。喝湯這件事，廣東人把它演繹到極致：煲湯（老火湯）、滾湯、燉湯、糖水涼茶、羹湯，一字排開在生活裡春夏秋冬，早茶晚餐穿插出現。不同的湯品搭配不同的烹飪技巧與器皿，食材則有港式特色：鹹蛋有生的、節瓜不是冬瓜而是毛冬瓜，乾貨這個還算熟悉，加上「堅果」帶來油脂的種籽清甜，這招台灣就少見了吧。

在港式湯品裡也窺見一些熟悉身影，比如甜湯裡加海帶，讓人聯想到傳統的日式紅豆湯也會加上鹽昆布！世界美味不謀而合。愛喝湯，但是缺少靈感；也或者到了港式餐廳，望見湯品不知如何下手的饕客，本書都是很好的敲磚石呢，推薦給大家。

深夜女子公寓料理習作版主
毛奇 Mokki

**卷首語**

# 你有個喝湯的胃嗎？

　　剛到香港時，最煩惱的就是煮湯，因為我沒有內建的港式煲湯邏輯，而過往自己喝湯的重點，只在乎湯料要煮得好吃、配料澎湃，對湯本身的要求，只要吊個清湯或高湯就能滿足，但這樣的湯品無法滿足香港先生的胃。

　　一開始照著食譜書煲香港湯總覺得少了個味，因為我把材料全部丟入鍋就煮了，直到向長輩們請教學習，才明白煲湯有這麼多小細節，從季節、食材的食養屬性，到食材的前製作處理、火候都能處處要求，並依據季節以及飲湯的人的需求做適當調整。

　　這就挑起了我的好奇心，從不識煲湯，到現在自己也成了會看天氣和身體去搭配食材煲湯的人，或許這也是一種入境隨俗吧！不過，幾天沒喝湯對我來說，仍舊不是一件生活大事，但從小習慣每天喝湯的先生就痛苦了，三不五時會用港普（廣式普通話）發出哀嚎：「我…要…湯…」。

　　當煲湯化為再日常不過的事，就不只是飲食而已，對於在異鄉生活的我來說，更像是一種有溫度的關心。香港朋友經常把對我的關心化為湯水的叮嚀，像是季節轉變時總會說：「最近濕，記得扁豆赤小豆煲湯」；長輩定期聚餐時也總叮嚀：「吃飽了？飲多碗湯啊！」甚至我先生也常說：「吃飽了？湯只是水啊？可以喝得下的！」其實我真的飽到撐了。

　　你有個喝湯的胃嗎？

本書作者

包周 Bow.Chou

# CHAPTER 1

# 因文化而生的湯水食養概念

# 跟隨四季的
# 湯水食養

## 食養觀念從何而來？

　　亞洲許多地方都有「食養」的
觀念，進而衍生出各種料理及飲
食文化，食養會因風土氣候及飲
食習慣，而有了不同的演繹。在
韓國有注重五行五味五色的傳
統料理及宮廷料理，在日本也有
注重元氣的健康飲食，在溫暖潮

濕的廣東及香港地區，則將養生觀念結合季節、在地風土，做出能補充大量水分和營養的美味湯品，成為日常裡的食養方式。香港人使用大量食材煲煮的濃郁湯底獨具特色，不僅深入他們的生活，而且煮湯水、飲湯水的習慣更是特別，在食材組合及風味呈現上也有不少差異，如果你對港式湯水養生的飲食緣由感到好奇，就跟著我一起探索它的面貌吧！

## 食養的概念與目的

養生，是透過各種方式預先保養身體，就像是預防重於治療的方式。至於食養，即是用飲食來養生，順應時節變化進行調養滋補身體，並在飲食裡遵循「五行的和諧」，以期望達到延緩身體衰老的目的。

在中醫觀念裡對健康的定義為「陰陽平衡」，並且身與心都健康才能稱為「形與神俱」、「健康有神」。再好的食物也要適量及均衡取捨，只吃單一食物也未必有益。除了吃得健康、均衡運動，更要時常讓心情平穩，因為「情志內傷」也對健康無益，若沒在各方面好好照顧自己的身體，光靠飲食來養生也很難真正達到滋補身體的作用。

要記得！食養只是作為日常保養及調養身體的其中一個方式，生病了還是要先看醫生喔！

在探討港式湯水文化之前，以下章節將會簡單說明中醫裡的五行、體質及食養方向之間的關聯，讓各位對於湯水食養先有個初步的了解。

## 五行對照速查表

| 五行 | 五色 | 五季 | 五氣 | 五志 | 五味 | 五臟 | 五腑 | 五官 | 五華 |
|------|------|------|------|------|------|------|------|------|------|
| 木 | 青 | 春 | 風 | 怒 | 酸 | 肝 | 膽 | 眼 | 爪：<br>指甲堅韌光滑 |
| 火 | 紅 | 夏 | 暑 | 喜 | 苦 | 心 | 小腸 | 舌 | 面：<br>臉色紅潤有澤 |
| 土 | 黃 | 長夏* | 濕 | 思 | 甘 | 脾 | 胃 | 口 | 口：<br>嘴唇潤澤嫩滑 |
| 金 | 白 | 秋 | 燥 | 悲 | 辛* | 肺 | 大腸 | 鼻 | 毛：<br>皮膚滑嫩細緻 |
| 水 | 黑 | 冬 | 寒 | 恐 | 鹹 | 腎 | 膀胱 | 耳 | 髮：<br>頭髮烏黑明亮 |

* 長夏：是節氣處暑到立秋的時期，也有人說是「秋老虎」。

* 辛：不只是辣，辛香料或有揮發性的香草類也可歸為「辛」。

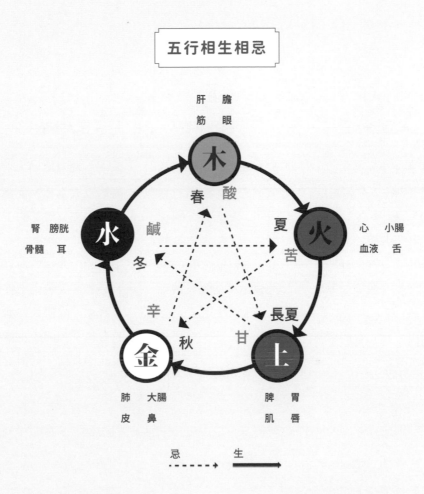

## 五行相生相忌

肝　膽
筋　眼

腎　膀胱　　　　　　　　　　　　　心　小腸
骨髓　耳　　　　　　　　　　　　　血液　舌

肺　大腸　　　　　　脾　胃
皮　鼻　　　　　　　肌　唇

忌 - - - →　　生 ─────→

## 食養需要因時、因地、因人？

　　中醫養生常提及「因時、因地、因人制宜」。簡單來說便是「順應四季的氣候變化改變作息及飲食、因應所在地區的氣候、因應每個人不同體質做適合的調養」。基於這樣的概念，衍生出「五行相生相忌」，進而影響食養方式的調整。

## 食養調整的方式

### Ⓐ 因時制宜

春夏注重「養陽」、秋冬則注重「養陰」。並可細分為「春養肝」、「夏養心」、「秋養肺」、「冬養腎」。即使本身體質偏寒或偏熱，在不同季節時，養生方法也會因應氣候做調整。

### Ⓑ 因地制宜

人會因為身處地區的氣候不同，身體也會有不同的反應。同樣是夏天，乾燥地區的夏天較容易讓人燥熱。潮濕地區的夏天則容易產生濕熱症。

### Ⓒ 因人制宜

與西方醫學不同，中醫則以人為本，依據每個人先天體質的不同、年齡的增長而有不同的生理或病理症狀…等後天因素來綜合考慮。就像生理期的女性、孕婦或有糖尿病的長輩，分別有忌食的食物。

### 不同體質適合的飲食不同

影響體質有綜合原因，包含先天體質以及後天影響，如飲食習慣或情志；同時也會因為所在的地理位置而改變，如氣候潮濕溫暖或寒冷乾燥的地區，飲食方式就得配合體質去做調整。

我們常會聽人說自己的體質是「熱底」或「冷底」。我們真的有辦法靠自己

判斷，就吃相對應的食物進行食養嗎？答案是：「當然不！不建議大家自行自行判斷體質」。

有時我們感受到的只是表面，不代表是體質的現況。就如感覺身體發熱，也未必就是「上火」，這是因為我們無法靠判定是不是因為「陰虛」造成的虛熱，有可能你需要的反而是「養陰」。許多人也因為祛濕飲食過頭，使得過度利水而造成體內津液不足，導致「傷陰」。

此外，人體會同時混合了不同體質症狀、不同的生活型態，不僅僅只是「熱底」、「寒底」那麼簡單地一分為二。造成體質變化的原因也有很多因素，即使在同一個氣候的地區裡，有些人長期坐在冷氣房、有些人常在戶外移動工作，這些都會對身體產生各種影響，如此食養需求當然更是因人而異了。

建議找專業的中醫師為你判斷當下的體質及適合的調養方向後，再選擇目前適合自己的飲食調養。並每隔一段時間都可以再拜訪一下中醫師，了解自己的體質是否有變化。

## 認識寒‧涼‧平‧溫‧熱

| 熱底體質 ▶宜食寒‧涼 | 寒底體質 ▶宜食溫‧熱 |
| --- | --- |

▲ 溫‧熱‧寒‧涼，指的是養生觀念裡的食物屬性，並非料理的溫度。

## 寒熱虛實體質表

| 偏寒 | | 偏熱 | |
|---|---|---|---|
| 宜食溫・熱食材 | | 宜食寒・涼食材 | |
| 1. 畏寒，舌頭胖且邊緣有齒印<br>2. 體型偏白胖，面色蒼白<br>3. 小便清長，大便黏膩稀濕 | | 1. 喜涼怕熱，易口渴，喜歡喝冷飲<br>2. 體型偏壯實，起床時容易有口氣<br>3. 小便短赤，排便時容易便祕 | |
| 實寒 | 虛寒（陰虛） | 實熱 | 虛熱（陽虛） |
| 痰多、氣喘、呼吸較急促、畏寒、四肢冰冷 | 乾咳、少痰、潮熱盜汗（肺陰虛）、易健忘、失眠多夢（心陰虛） | 滿臉通紅、全身發熱、舌頭紅、舌苔厚或舌苔黃，喜歡喝冷飲 | 身臉浮腫、顴骨微微紅、宮寒易不孕、手腳發熱、舌頭紅、舌苔少 |

## 氣血陰陽體質表

**－氣虛－**

疲倦無力、聲音小、少氣懶言、頭暈目眩、輕微活動就容易流汗、脈虛無力，舌苔泛白

**－血虛－**

臉色蒼白或泛黃、四肢倦怠、頭髮枯黃、皮膚乾燥無光澤、女性月經量減少、記憶力下降

▲ 體質表皆僅供參考，請讓專業的中醫師判斷你的體質。如有身體不適，更應該先向醫師諮詢並積極接受治療。

# 四季食養調整

在台灣的秋冬時期，有些人喝湯水是為了進補之用；但港式湯水不僅限於秋冬，而是更貼近中醫的四季湯水食養概念，可以參考以下常見的四季食養方向：

## 四季食養重點大不同

| 春 | 春生 | 升補、疏肝、養肝、升陽 |
|---|---|---|
| 夏 | 夏長 | 清熱、去濕、養心、養揚 |
| 長夏 | | 健脾、化濕、養心、安神 |
| 秋 | 秋收 | 平補、滋潤、養肺、滋陰 |
| 冬 | 冬藏 | 進補、散寒、養腎、養陰 |

### 煲咩湯？有咩湯飲？

香港人常說「煲咩湯？有咩湯飲？」這兩句話的粵語發音分別是：bou1 me1 tong1 ／ yau5 me1 tong1 yam2，意思是：「煮什麼湯？有什麼湯喝？」

四季裡該喝什麼湯？該煮什麼湯？若你在香港生活，不必刻意記憶，也能在日常裡知道湯的季節。

在香港，湯水保健的用語經常標注在食品包裝上：上火、熱氣、去濕、清熱、健脾胃、潤肺、滋潤、驅寒⋯等，這在台灣是少見的，因為兩地法規上的不同，也是飲食習慣的差異。文化形塑習慣，因此耳濡目染地在我的腦子中建立起湯水資料庫，和親友聊天時也能聽見湯水保健的叮嚀。

香港步調繁忙，想煲湯有更方便的懶人選擇，如藥材店販售配好比例的材料包，只需另購生鮮蔬果和肉類就可以回家煮；超市販售也有冷凍湯包，加熱就可以喝。

想跟著季節入廚煲湯，我會這樣做：踏入你可能不太喜歡的傳統市場，因為答案就在可見的季節食材裡、答案也會在攤販的嘴裡。像春季時，市場裡開始會有香椿、也會見到枸杞菜的蹤跡，或者選擇深綠色的蔬菜來做滾湯。到了夏季，轉成苦瓜的盛產季節，又或者賣冬瓜的攤販會用組合食材販賣的方式告訴你，最近想煮冬瓜湯的話，還可以順道買夜香花。

我也曾有過在香港傳統市場裡，望著陌生食材不知所措的時刻。還記得剛到香港生活，見識不夠多的我初次看到老黃瓜時，心想：「老天啊～為什麼大黃瓜老成這樣還敢拿出來賣？？」會有這個念頭，是因為在我的飲食記憶裡，在台灣從小喝到大的大黃瓜湯，只使用新鮮綠色的大黃瓜煮。

我好奇地問了攤販老闆：「這黃瓜很老啊？想請教，煮什麼用？」

攤販老闆說：「你不知嗎？老黃瓜可以煲湯啊，去濕清熱，好簡單的，洗乾淨，不用刮皮，斬開，裡面刮乾淨，加排骨和蘿蔔。味道酸酸的不是臭掉，怕酸就裡面刮乾淨，買回去試下！」

　　當我有緣遇上熱心為我解答的菜市場攤販時，為了感謝他分享食材的善意，我每次問過就一定會購買，也因為品質良好而經常回訪。在生活節奏繁忙的這裡，要是自顧自地問了一堆問題卻不買，不只是阻礙他人做生意，也是糟蹋了對方向你分享食材的善意，這可是非常不上道的喔！

　　在這裡真正生活後，透過人與人之間的對話，能感受到香港人喝湯水的習慣深入於日常，像是：

「剛才市場看到枸杞菜，我買了煮枸杞菜湯」我說。
「煲了老黃瓜湯，祛濕清熱，你回來喝」有時先生會這樣說。

「同事提醒我，可以煮天麻魚頭湯」我說。
「天麻？你最近頭痛嗎？」先生問。
「對啊！你怎麼知道？」我說。

「天氣熱，煲了羅漢果茶給你喝，退火潤喉」先生說。

「煲咩湯？」先生問。
「蓮藕湯」我說。
「記得放章魚，台式蓮藕湯都沒放章魚，不喜歡」先生說。
「知，章魚蓮藕湯」我說。

　　其實，剛開始因為對於港式湯水配方和食材組合感到陌生，所以覺得煮湯水很困難，但這幾年我發現，在香港煮湯其實不難，上班族要有時間能天天煮湯或開伙下廚，這才比較難哪！

# 食材屬性速查簡表

　　調配港式煲湯材料時，最重要的就是使用適合屬性的食材，去調配出適合當下季節或體質的滋養湯水。簡單來說，炎熱的氣候與燥熱的體質，自然得要避免火上加火的熱性飲食，而選用寒、涼性質的材料互做搭配，再配上具有滋補效果的其他食材來平衡，別忘了，最重要的就是「平衡」。關於食材屬性，你可以參考接下來的表格，但需留意表列內容都是「食材的寒涼平溫熱屬性」，並非食物的烹調溫度喔！

## 寒‧涼‧平‧溫‧熱食材屬性

| 食材分類 | 常見寒、涼食材 |
|---|---|
| **藥材、花草乾貨** | 花旗參、丹參、麥冬、玉竹、川貝、白合、生地、決明子、桑葉、菊花、馬齒莧、金銀花、金盞花、金蓮花、蝶豆花、霸王花、羅漢果、藏紅花、木棉花、槐花、羅漢果、澎大海、茅根、雞骨草、夏枯草、魚腥草、梔子、金錢草、車前草、薄荷、桑葉、乾燥冬瓜皮、海底椰…等 |
| **肉** | 豬大腸、豬小腸…等 |
| **禽** | 蛋白、鴨肉…等 |
| **海鮮** | 章魚、魷魚、螃蟹、文蛤、花甲、海瓜子、蟶子、牡蠣（蠔）、東風螺、螺片、響螺、九孔鮑、干貝…等 |
| **蔬菜及五穀雜糧** | 生薑皮、薑黃、紅蔥、苦瓜、冬瓜、白蘿蔔、青蘿蔔、蓮藕、黃瓜、菱角、荸薺、竹筍、茭白筍、絲瓜、瓠瓜、茄子、青椒、甜椒、莧菜、菠菜、金針花、蘆薈、萵苣、大白菜、小白菜、芥蘭、紅鳳菜、地瓜葉、芹菜、豆芽菜、紫菜、昆布（海帶）、海藻、石花菜、小麥、小米、綠豆、薏米（薏仁）、榛果、花生、綠豆、豆豉…等 |
| **水果** | 西瓜、香蕉、哈密瓜、甘蔗、梨、枇杷、火龍果、奇異果、李子、柚子、葡萄柚、草莓、柿子、草莓、黑桑椹、黑桑葚乾、黑棗、黑棗乾、橘子、楊桃、番茄（微寒）、甘蔗、山竹…等 |
| **其他** | 醬油、鹽 |

| 食材分類 | 常見性平食材 |
|---|---|
| 藥材、花草、乾貨 | 茯苓、茯神、芡實、黨參、太子蔘、白蔘（人蔘）、天麻、酸棗仁、荷葉、淮山、白芍、鼠尾草、寄生、蓮子、紅蓮子、龍脷葉、黑枸杞、乾燥玉米鬚…等 |
| 肉 | 豬肉、豬血、豬腰子（豬腎）、豬心、豬肺、牛肉、牛肚…等 |
| 禽 | 雞蛋、鵪鶉蛋、烏骨雞肉、鵝肉、鵪鶉肉、鵝肉、鴨血…等 |
| 海鮮 | 黃花魚、鱸魚、鯖魚、鮑魚、鮭魚、鱈魚，鮪魚、鰻魚、帶魚、生魚（烏鱧魚）、盲曹魚（盲曹尖吻鱸）、鯧魚、烏魚、花枝、烏賊、比目魚、鯉魚、泥鰍、海蜇、瑤柱（曬乾干貝）、花膠（魚鰾）…等 |
| 蔬菜及五穀雜糧 | 香椿葉、紅蘿蔔、玉米、木耳、白木耳、新鮮玉米鬚、橄欖、山藥（淮山）、牛蒡、甘藍、地瓜、馬鈴薯、芋頭、菱角、節瓜[1]（毛冬瓜、毛瓜）、碗豆、高麗菜（港稱：椰菜）、茼蒿、香菇、蘑菇、猴頭菇、銀杏（白果）、黑豆、黃豆、花生、豆腐、豌豆、甜豆、四季豆、豇豆、紅豆、赤小豆[2]、眉豆、杏仁、白芝麻、黑芝麻、扁豆、榛果、腰果、開心果、粳米、糙米…等<br><br>【註】<br>1. 節瓜：是冬瓜變種、又叫毛瓜、毛冬瓜，不同於櫛瓜、夏南瓜（翠玉瓜）。<br>2. 赤小豆：「赤小豆」與一般認知的「紅豆」有所分別，赤小豆是瘦長的品種。 |
| 水果 | 黃檸、青檸、柳丁、蘋果、芒果、無花果、鳳梨、鳳梨、芭樂、百香果、蓮霧、酪梨、椰子、柿子乾、烏梅…等 |
| 其他 | 蜂蜜 |

| 食材分類 | 常見溫、熱食材 |
|---|---|
| **藥材、花草乾貨** | 當歸、川芎、杜仲、何首烏、白芷、白朮、黃耆、枸杞、紅棗、甘草、山楂乾、高麗紅參、陳皮、黑棗、金絲蜜棗、白豆蔻、肉豆蔻、小茴香、八角大茴香、藿香、續隨子（酸豆）、五味子、丁香、花椒、肉桂、胡椒、八角（大茴香）、茉莉花、辛夷花、玫瑰花、草果、香茅、南北杏…等 |
| **肉** | 羊肉、豬肚（微溫）、豬肝、豬睪丸…等 |
| **禽** | 雞肉（微溫）、陳腎（鴨腎）…等 |
| **海鮮** | 蝦子、青口（淡菜）、鱔魚、秋刀魚、白帶魚、海參（微溫）…等 |
| **蔬菜及五穀雜糧** | 生薑（溫），乾薑、蔥、大蒜、薤白（山蒜）、蕎頭、九層塔、羅勒、洋蔥、茴香頭、紫蘇[註3]、韭菜、芫荽、芥菜、南瓜、栗子、胡椒、酒類、辣椒、芥末、麥芽、糯米、紅糯米、黑糯米、麥角、核桃、胡桃、松子、白扁豆、酒釀、紅麴、鹽麴…等。<br><br>【註】<br>3. 入藥及食養使用的紫蘇、蘇葉，更多時候指的是紅紫蘇（一面紫色，另一面是綠色）。 |
| **水果** | 金棗、金桔、荔枝、櫻桃、榴蓮、龍眼、山楂、木瓜…等 |

【其他說明】

1. 空心菜會影響中藥補養藥材效果，如黃耆、地黃、各種蔘類、紅棗、枸杞、當歸、川芎、何首烏…等。

2. 有些中藥材忌用鐵鍋與銅鍋來熬煮，像是湯水裡常用的何首烏與白芍。使用鐵鍋、銅鍋熬煮時，會釋出鞣酸鐵讓湯水味道變得苦澀，輕則影響藥材療效、重則影響腸胃吸收或使身體不適。若你不清楚什麼樣的中藥材不適合鐵鍋與銅鍋，建議你最安全的方式就是使用不鏽鋼鍋、土鍋、陶鍋、瓦罐。

# CHAPTER 2

# 餐桌上的港式湯水

# 淺談港式湯水
# 與糖水涼茶

湯就是湯，還分類嗎？這是因為廣東人對湯的標準，實在是太講究了。不只分類型，還分春夏秋冬，並且依個人體質細分去做調整，連湯品類型都會再細分。他們會挑選好食材來煲一鍋湯，即便是相同食材配上不同配料和比例、不同烹煮方式，就成為不同的湯品類型，就如滾湯、煲湯、燉湯、羹湯，這四種湯品呈現的結果和品嚐重點也有所分別。

果真，不只是一碗湯！

## 寧可食無肉，不可飯無湯

對我而言，港式煲湯就像另一個宇宙，因為台灣人喝湯追求湯水清撤鮮甜、重視湯料美味。而港式湯水則不同，尤其是煲老火湯，重點是品嚐「湯水」本身，而且材料搭配及比例也有不少差異。

就像港台同樣都有蓮藕湯，但在兩地的材料及風味呈現上就明顯不一樣。在台灣，只用蓮藕和排骨，味道清甜；而港式蓮藕湯會加上清熱的綠豆和章魚乾，湯水濃郁、海味十足。在後續篇幅裡，我也將分享許多湯品在不同地方的文化差異比對。

### 滾湯

「滾湯」通常選用快煮快熟的食材，短時間烹煮 10 ～ 20 分鐘就能完成。

### 燉湯

「燉湯」的材料必須放入燉盅，以隔水方式長時間燉煮 3 ～ 4 小時。

### 煲湯

煲湯或稱「老火湯」，將材料放入人型深鍋裡，以較長時間烹煮 1 ～ 3 小時。

### 糖水與涼茶

糖水普遍煮 40 分鐘，有的甚至到 3 小時之久，口感溫潤綿滑；而涼茶是烹煮 10 ～ 20 分鐘左右。

### 羹湯

一般會將食材切絲、細粒或蓉，烹煮後勾芡即成「羹湯」，煮 10 ～ 20 分鐘。

滾幾分，煲三燉四！

# 常見的港式湯水類型

### －煮製重點－

選用快煮快熟的食材，短時間烹煮 10 ～ 20 分鐘完成。主要是品嚐食材與湯水，湯色清淡，但食材風味不流失。

### －特色－

雖然滾湯所花費的時間短，仍可以保留食材風味，但相較於台式滾湯，港式的滾湯湯底的風味還是濃厚許多。

煲湯　老火湯

─**煮製重點**─

將材料放入大型深鍋裡，以較長時間烹煮 1～3 小時，重點為湯的味道濃郁甘甜，湯色濃濁。

─**特色**─

飲湯是重點，不強調吃湯料，因長時間煲煮至無味的湯料也被稱為「湯渣」，但還是會有人吃湯渣喔，吃湯渣時就別要求它的美味度了！

### —煮製重點—

材料必須放入燉盅，以隔水方式長時間燉煮 3～4 小時，湯水
風味濃郁卻仍保持清澈。

### —特色—

因為是隔水長時間燉煮，燉湯風味比煲湯更為濃郁，但湯色不
混濁；大部分的燉湯材料選擇以滋補身體為目的。

### ─煮製重點─

通常會將食材切絲、細粒或蓉，烹煮後勾芡，煮 10 ～ 20 分鐘，
味道清淡且口口湯料，湯水口感濃稠。

### ─特色─

羹湯耗費的時間與滾湯差不多，但湯料經常處理成絲或細蓉，
勾芡的湯品能在品嚐時感受到口口是料，飽足感十足。

糖水

### －煮製重點－

使用當季本材料及乾貨、中藥材、堅果、水果煮成的傳統甜
湯,有些只需快煮 30 分鐘,有些則需細火慢煲 2 ～ 3 小時。
口感溫潤綿滑,美味又養生。

### －特色－

甜湯在廣東地區被稱為「糖水」,冷熱皆宜,烹調方式也可細分
為「滾」、「煲」、「燉」。也經常按時節品嚐不同的糖水作為食養。

### 一煮製重點一

使用草本材料、乾貨、中藥材、水果烹煮 10 ～ 40 分鐘，過濾食材後即完成，大多是清熱下火屬性，無論熱飲或凍飲都稱為涼茶喔！

### 一特色一

為因應潮濕溫暖的氣候，使用具有下火功效的草本材料及食材煲煮出來的消暑、清熱飲品。

　　香港的傳統湯水多樣化，總讓我這外地人讚嘆不已！外出吃火鍋時，香港火鍋店的湯底琳琅滿目：芫荽皮蛋湯底清熱降火，花膠雞湯底養顏滋潤，其他還有胡椒豬肚湯底、番茄豬骨湯底…等。

　　由於吃火鍋易上火，因此香港火鍋店和中餐店的飲料菜單裡，也會供應退火的涼茶湯水，如竹蔗茅根馬蹄茶、羅漢果茶。但有別於傳統涼茶店的碗裝涼茶，餐廳供應的涼茶通常是冰凍冷飲販售，無論「一樽樽」或一杯杯的份量，都能滿足每個人。

　　有天在午餐吃飯時不小心咬破自己的嘴，關係還不錯的同事告訴我：「這應該是上火了」，我也不自覺地說：「待會買個涼茶好了」！

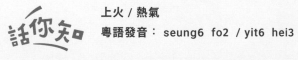

**上火／熱氣**
**粵語發音：** seung6  fo2  ／ yit6  hei3

是在中醫養生裡形容體內陰陽失衡的熱症狀況，上火時可以選擇清
熱降火食材煮的湯，或喝降火屬性材料煲出來的涼茶。

一般港式餐桌上常見的經典湯品如下，香港人平常不知道煮什麼湯時，這些都是基本款。再以這些基本款加上別的食材，就又變成一道不同的湯品。

滾湯／煲湯皆宜

### 番 茄 薯 仔 湯

番茄配馬鈴薯是很常見的組合，有時會搭配不同的主料做成番茄薯仔豬排骨湯、番茄薯仔魚湯、番茄薯仔豆腐湯…等。

滾　　湯

### 節 瓜 鹹 蛋 湯

使用節瓜、生曬鹹雞蛋黃、肉片就能煮成的快速湯品，但使用的節瓜是外表帶有小絨毛的毛冬瓜，不是被稱為櫛瓜的夏南瓜喔！

## 滾　湯

### 茶瓜芫荽皮蛋湯

芫荽配皮蛋是一款清熱降火的湯底，會搭配魚片或肉片煮成滾湯，加入茶瓜則能讓湯水有著鹹中帶微甜的風味。這道湯裡的香菜份量多，香菜愛好者一定會喜歡。

## 煲湯 / 老火湯

### 青紅蘿蔔湯

湯裡除了青、紅蘿蔔之外，也經常會加入玉米、蜜棗…等甜味食材，以增加湯品的甘甜味。主料肉類常用豬骨，也是經常在茶餐廳菜單常出現的中式例湯。

煲湯／老火湯

# 蓮藕章魚排骨湯

蓮藕排骨湯是許多人都喜歡的湯品，不同於台灣版的蓮藕排骨湯的清澈，在廣東人的蓮藕排骨湯的材料裡，還得加了濃郁海味的乾章魚才叫美味。

羹　湯

 蛇羹

蛇羹不是一般家庭會有的羹湯湯品，大多是特地去外頭的湯店才會有，除了蛇肉，還會增加雞肉絲，湯的上方加入切成絲的香茅、降火的鮮菊花瓣、酥脆的薄脆餅。

▲ 花旗參　　◀ 麥冬

燉　湯

## 花旗參麥冬燉湯

花旗參瘦肉湯是清熱補氣的日常滋養湯品，潤燥下火，補氣又生津，花旗參湯內有淡淡的微苦回甘味。順道一提，沒有時間煮湯時，也可以直接將花旗參和麥冬搭配枸杞，沖成熱茶飲用。

◀ 桑寄生

糖　水

## 桑寄生蛋湯

這顆被草藥浸泡成褐色的水煮蛋，外觀看起來就像台式滷蛋似的，沒想到配上甜甜的桑寄生煮的糖水竟是絕配！桑寄生補腎益肝，祛風濕還能強筋骨，還能調月經和安胎，也是男女皆宜的一道湯品喔！

核桃糊　　　　　　芝麻糊

海帶綠豆沙

**糖　水**

中式糖水在香港的樣貌千變萬
化，看似與台灣傳統甜品相近，
但風味與材料卻不大相同。像是
添加了海帶及陳皮的綠豆沙、把
能夠安神的蓮子加入紅豆沙裡
煮。還有核桃糊，它類似台灣早
餐店的米漿，但帶有更濃郁堅果
風味，以及香氣迷人的濃稠芝麻
糊，這些糖水無論冷吃，熱吃都
美味。

杏仁糊

蓮子紅豆沙

# 港式煮湯心法

**煮湯要用什麼鍋？**

　　在中醫食養的觀念裡，會認為部分中藥材要盡量避免使用鐵、銅材質的器皿，即使不會因為器皿釋出產生身體不適的有害物質，部分中藥材的成分也會因鐵、銅成分而被影響，使得湯品風味變澀。

　　如果遇上部分使用中藥材的湯品，而該種中藥又忌用鐵鍋與銅鍋的時候，建議改用土鍋、石鍋、陶鍋、瓦罐、磁盅、陶盅、玻璃鍋、不鏽鋼鍋…等。

╳禁用鑄鐵鍋煮港式湯水

### 土鍋／砂鍋／石鍋

煲湯使用的材料多，通常選用有深度的土鍋及砂鍋，才
足以放進大量的材料及水去燉煮，與日式的淺土鍋不同。

### 不鏽鋼湯鍋

10L 的不鏽鋼大尺寸深湯鍋，適合用來煮大量食材及藥
材的煲湯／老火湯，也可拿來當成隔水燉煮時的蒸鍋使
用。2L 的不鏽鋼單柄鍋則適合煮兩人份的滾湯。

## 陶瓷燉盅

有上蓋、內蓋的燉湯盅，尺寸有大有小，多為陶瓷製器皿。

上蓋

內蓋

陶瓷材質的燉盅

部分藥材含有鞣質，包含了何首烏、白芍、大黃⋯等，就不適合使用鑄鐵鍋及銅鍋，因為化學反應會產生鞣酸鐵，含有鞣酸的食材避免與含鐵的鍋子搭配。因此有上述材料時，不建議使用鑄鐵鍋及銅鍋喔！

# 港式湯水公式

　　雖然港式湯水重視養生，但若你認為這些食養湯品全是藥膳湯的話，就是個誤會了！港式湯水食養的概念講求「四季及日常皆適用」，使用的食材多為當季蔬果，搭配乾貨、肉類、豆類、堅果類。其中，煲湯的食材組成豐厚、燉煮時間長，因此煲出來的湯水多為溫潤濃厚的口感，品嚐時感覺濃郁富有香氣。

## 煲湯的主料、輔料、配料、藥膳

| 主料 | 輔料 | 配料 | 藥膳（註） |
|------|------|------|-----------|
| 豬、魚、羊、牛、新鮮海鮮、海鮮乾貨 | 根莖、瓜果、澱粉蔬菜、水果 | 乾貨、豆、堅果、花、草 | 中藥材 |

【註】

1. 未必每款煲湯都會使用藥膳進補，日常的港式湯水保養是重視因應季節、食材屬性、體質調養去選擇湯品的料。

2. 請注意！請盡量避免擅自進補藥膳食材，應先尋求中醫師評估你的體質，以專業建議決定進補方向及藥材選擇。如果是本身是氣虛者，單方面補氣可能反而導致上火，有些氣虛者可能同時陰虛，除了補氣更要滋陰補陰，而這些都需要透過專業中醫師為你判斷喔！

3. 煲湯和滾湯的不同之處是，煲湯是先將肉類和所有食材前處理，之後全部一起入鍋，再花費很長的時間烹煮；滾湯用的食材則是依序入鍋，並於短時間內煮好。

## 煲湯材料組成

### 煲湯

水
配料　藥膳
輔料
主料

### 滾湯

水
輔料　配料
主料

### 燉湯

水
輔料　藥膳
主料　輔料

在香港的粥，都是將米煮至糊化且不見明顯的米粒，如此長時間的煮粥叫作「煲粥」。花時間細細地把食材風味煲煮到湯水裡的方式則稱為「煲湯」，所以有個俗語叫作「煲電話粥」，就是形容電話說得太久，有趣！

# 煲湯材料與湯水比例

## 煲湯（老火湯）

煲湯（老火湯）的材料比例是最多的，將不同食材及湯料的風味堆疊，做成味道豐富醇厚的湯品，長時間燉煮出材料風味。因此，湯料的美味程度較低，因此湯料也就被稱為「湯渣」了。

有些人也會把煲湯的食材沾醬油吃，但若是部分藥材、湯料，如植物根（五指毛桃、當歸…等），取的是風味和屬性，這類湯料就真的不吃啦！

## 滾湯

滾湯的湯料比例，會比煲湯少一些，而且因為烹煮時間短，大部分使用可以吃的食材來煮滾湯，所以湯料與湯都很美味，滾湯的湯水比煲湯清爽許多，最適合忙碌的時候輕鬆煮一鍋。

家庭餐桌上的常見滾湯有枸杞葉豬肝湯、番茄薯仔湯、芥菜肉片湯…等。

## 燉湯

燉湯耗費的時間比煲湯還長，湯料風味堆疊的方式比煲湯簡單，雖然會因為食材影響湯色，但燉湯反而比滾湯還清澈；燉湯不像煲湯加入大量的根莖類和蔬果，也會因應湯品選用藥材來煮。

順道一提，部分食材組合較簡單的煲湯款式，像是苦瓜排骨湯，若改為隔水燉，湯品會更清澈鮮甜喔！

# 港式湯水風味特色

　　我是台灣人，從小吃台灣飲食長大的我，看著香港人煮湯的材料總覺得十分新奇，因為港式湯水的食材搭配、風味呈現與台式湯品有著明顯不同，就連喝湯的習慣也不同。台灣人盛裝湯品時，會為對方添上滿滿一碗湯料，而香港人喝湯的重點是喝湯為先，部分湯料不吃、部分湯料沾醬油吃。

### 甘潤溫和的港式湯水

　　港式湯品風味大多是甘潤溫和的，平時很少使用進補功效的中藥材，即使到了秋冬也未必刻意想要用藥膳湯進補，更多時候是因應天氣、體質來選擇湯品。台式湯當然也有養生湯品，但台式養生湯更加偏向進補類的藥膳湯，如當歸鴨、薑母鴨、燒酒及與麻油雞…等。

◀ 酒樓餐廳點煲湯時，侍應會把湯裝成一碗碗後供應，但湯渣放在另一個盤子上，由於主角是湯！煲完湯的材料在香港不稱為「湯料」，而是稱為「湯渣」，並非所有人喝煲湯都會吃湯渣喔。湯渣吃不吃？各人隨心吧！

　　煮製台式湯品時，有時會刻意滴上幾滴香油提升風味，這是因為脂肪能讓香氣在口腔裡延長風味，品嚐的人可以更加感受到風味悠長的氣息。而港式湯品則會減少湯品裡的油脂，因此煲湯前會汆去肉類外層的油脂與雜質，煲湯後還會特地撇去湯水表面的油。但我通常會看湯品類型以及食材再做些許調整。

　　不同地方的飲食差異有各自的面貌和習慣，有些地方少油，有些地方就是重油，這便是打開見解的一種方式。就像台式麻油雞湯，若把表層油脂隔掉，麻油雞就不是麻油雞了！若把重慶麻辣火鍋表層的紅油撈走，也就不是重慶火鍋了。若讓港式煲湯浮著大片可見的油脂，自然也不像港式煲湯了。我認為要欣賞不同地方的飲食之前，首先要了解當地的習慣，如果只用自身飲食文化習慣和標準，去評論其他不同文化的飲食，那就不太公道了。

▲ 圖中的是佛手瓜老火湯，香港人煮煲湯時，習慣使用有深度的大鍋子，放入滿滿湯料。

## 港式湯品風味的關鍵重點

| 甘 | 滑／潤 | 藥膳（少） | 鹹／鮮 | 少油 |
|---|---|---|---|---|

蜜棗、無花果乾、羅漢果、玉米、紅蘿蔔、荸薺、甘蔗、馬鈴薯、山藥、椰肉、蘋果、雪梨、雪梨乾、蘋果、桑椹乾、堅果⋯等。

### 蜜棗 / 金絲棗

蜜棗是棗子的加工品，蜜棗加工時，會將新鮮棗子劃出一條條的凹槽，幫助吸附甜味，然後加入糖熬煮並加以乾燥製成。

### 羅漢果

羅漢果清熱，可煲涼茶、沖茶或入湯，是代糖的一種。中藥行通常賣的是烘過的羅漢果，清甜帶焦糖香，現在還有凍乾的金色羅漢果，味道較清甜。

## 黃玉米

多數的港式煲湯裡頭都有黃玉米的存在，
經常煮到味道釋放到湯內、完全沒味道了
為止。因此身為稱職輔料的它，不一定會
出現在湯品的名稱裡。

## 水梨

梨子除了能煮甜潤的糖水，在秋季的煲
湯食材裡也會有它的蹤跡，以水果入鹹
湯大概是台灣人最需要時間去接受的材
料！

## 無花果乾

若冰箱或食材櫃平時備有一包無花果乾的話，只要
配上排骨或豬腱、玉米、紅蘿蔔…等食材，就能變
出一鍋美味又簡單的港式煲湯。

帶有鹹味的食材，如鹽、鹹蛋、鹹菜、鹹檸檬、陳腎、海味乾貨（干貝、乾章魚、乾魷魚…等）。
具有鮮味的蔬果材料，如番茄、菌菇、玉米以及各種肉類（雞、鴨、魚、牛）以及排骨。

## 海味及肉類乾貨

使用章魚乾、魷魚干、響螺、螺片、干貝…等乾貨來煲湯的話，會有鹹香的海味與鮮味喔。

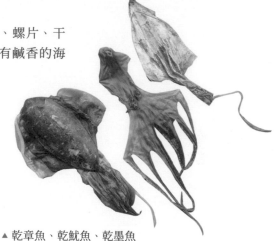

▲ 乾章魚、乾魷魚、乾墨魚

▲ 乾螺片

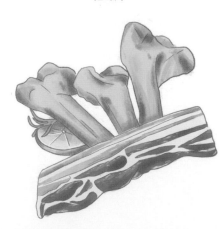

## 肉、骨、肉製品

肉類是湯的主材料，是鮮味和香氣的來源。食材屬性溫和的豬肉是最好用的日常湯水食養首選材料。如果吃素怎麼辦？換成堅果和菇類就可以了。

### 菌菇

乾茶樹菇、乾香菇、蟲草花及各種乾燥
菌菇內常有的核苷酸是湯品的鮮味來
源,不同菌類的風味各有特色,家裡一
定要備著。

### 干貝／瑤柱

想增加鹹味及海味的時候,干
貝就是好用的材料了,但煲湯
不需要買太大顆的頂級干貝,
選用小小的珍珠干貝,這樣荷
包的負擔會輕鬆一點!

### 堅果

脂肪是讓香味在口腔綿延的風味
元素,做素湯時可加入富含油脂
的堅果來取代肉類。不同堅果在
食養屬性裡也不同喔!

滑順滋潤的膠質感食材：銀耳、花膠、螺片、腐竹⋯等。
味道溫潤的食材：海底椰、椰子、椰肉、雪梨、木瓜⋯等。

## 銀耳

在我成長的文化裡，通常銀耳只會出現在甜味的糖水甜品之中，到了香港生活後才發現，當地人經常會拿銀耳來做鹹味煲湯，膠質滿溢，喝起來真是滋潤啊！

▼ 雞泡膠

▼ 花膠筒

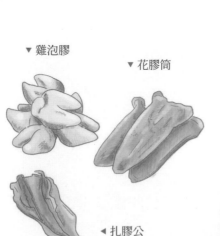

◄ 扎膠公

## 花膠

花膠是魚鰾乾貨，能為湯品帶來帶有膠質的口感。不同魚類製成的花膠有價格之分，如扎膠公、雞泡膠、花膠筒，或是價格昂貴的白花膠、鱈魚膠⋯等。

### 五指毛桃

五指毛桃有一股像牛奶及椰子的香氣,
也有人稱它為「南芪」、「五指牛奶」。
煲湯使用的是它的樹根,看起來像橙色
樹枝。

### 海底椰

海底椰不在海底,也不算椰子,
它是棕櫚科植物,只是因為果
實有一點椰子味,整個風味鮮
甜又滋潤,是一款能做糖水也
能煲湯的材料。

### 桃膠

桃膠是天然樹脂,富含植物膠及蛋白
質,所以有人說它是平民版的素食燕
窩!大部分用來煮滋潤的糖水,但也
能煲鹹味的湯。

需要進補時的藥膳中藥食材：人參、黨參、太子參、黃耆、紅棗、川芎、當歸…等。

身體虛弱時，請盡量避免擅自進補藥膳食材。應先尋求中醫師評估你的體質，以中醫師的建議再決定進補方向及藥材選擇。

再次提醒，如果是本身氣虛者，單方面補氣可能反而導致上火，有些氣虛者可能同時陰虛，除了補氣更要滋陰補陰，而這些都需要透過專業中醫師為你判斷喔！

海藻細鹽外觀有一點
一點的深色。

▲ 港式煲湯會使用豐富食材堆疊成風味基底，因此調味料的使用非常簡單，如上圖
的粗鹽及細鹽。有些時候因為某些食材風味屬性的緣故，有些湯品甚至可以不加
調味料！如果沒有海藻細鹽，也可換成其他細鹽。但請留意不同品牌和不同製程
的鹽品鹹度可能不同，建議每次調味時少量分次。

台灣人煮湯時會加入稍多的薑與料理酒，為湯品去腥提鮮，這在
港式湯水裡反而少見，因為港式湯水極少使用料理酒、醬油或魚
露，僅有部分需要時，才會以酒當引子的溫補藥膳湯品。因此幾
乎不會出現在港式煲湯以及燉湯裡的調味品有：料理酒、米酒、
黃酒、花雕酒、生抽、老抽、醬油、味噌、魚露。

想要去除肉類的腥味時，會在煮湯前加少許幾片薑再走活水，將雜質
及腥味去除。而前置備料時，也會分別處理不同材料，很多時候還會
添加海味乾貨，為湯品添增「鮮味」、「海味」，這些習慣都與台式湯
水有明顯的風味喜好差異。

# 港式湯水食養
# 常用食材

## ● 補氣養血

以中醫食養的觀念來看，「氣為血之帥、血為氣之母」，氣為陽、血為陰，氣血是相互作用的，氣是推動血液運行至五臟六腑去維持人體的能量，氣血不足時就會氣虛，所以補氣養氣時，也要記得養血補血。

| 補氣虛 | 梗米、糯米、小米、麥類及穀物、菱角、栗子、花生、蓮子、赤小豆、白扁豆、馬鈴薯、山藥、南瓜、芋頭、地瓜、紅棗、蓮子、蓮藕、黃豆、章魚、花枝、烏賊、帶魚、鯧魚、黃花魚、鱸魚、盲曹魚（盲曹尖吻鱸）、鯧魚、烏魚、比目魚、鯉魚、泥鰍、蛋、動物心臟、雞肉、豬肉、牛肉、豬腎（豬腰子）、羊肚、豬肚、花旗參、人參、太子參、黨參、紅參、茯苓、甘草、黃耆、五味子…等 |
|---|---|
| 養血虛 | 牛蒡、紅蘿蔔、黑木耳、蓮子、桂圓、蓮藕、榛子、波菜、紫菜、昆布、香菇、草莓、葡萄、甘蔗、山楂、花生、黑芝麻、黃豆、豆腐、黑豆，白扁豆、赤小豆、黑桑葚、金桑葚、櫻桃、紅棗、蛋、生魚（烏鱧魚）、帶魚、泥鰍、烏魚、花枝、烏賊、海參、牛肉、羊肉、豬紅（豬血）、花膠、螺片、響螺、鴨肉、雞肝、豬肝、羊肝、紅棗、黑棗、蓮子、枸杞、黑枸杞、黨參、靈芝、當歸[註1]…等 |

**【註】**
1. 當歸全株補血，細分部位功效也有差異：為當歸頭止血，當歸身補血、當歸尾破血。

## ● 疏肝解鬱／養肝

肝氣鬱結，不只影響健康，也會連帶影響影響睡眠及情緒的穩定。肝氣鬱結時，可能會有口乾舌燥、口臭、情緒抑鬱或易怒、偏頭痛及睡眠品質的狀況出現。不只是透過飲食來養肝疏肝，也記得找出生活裡的壓力問題，從根本解決，善待自己。

| | |
|---|---|
| 疏肝解鬱／養肝 | 香椿、香菜、金針花、韭菜、萵苣、地瓜葉、菠菜、花椰菜，高麗菜、大蒜、青蒜、蒜苔、韭菜、芝麻、菇類（如茶樹菇、香菇、蘑菇）蟲草花、甜菜根（港稱：紅菜頭）、青椒、檸檬、柳橙、蝦、核桃、杏仁、胡椒、糙米、小麥、黃豆、豆腐、眉豆、黑豆、肉桂、蘋果、丁香、豆腐、鴨肉、豬肉、豬肝、羊肝、雞肝、鮑魚、薄荷、決明子、五味子、酸棗仁、烏梅、枸杞、甘草、決明子、雞骨草、丹參、白朮、女真子、天麻、桑寄生、當歸、紅棗…等 |

## ● 清熱去濕

中醫師若告訴你「濕氣重」時，可能是因為環境潮濕而影響體質，或是體內氣血運行失調而有不正常聚集，導致出現「痰濕」的症狀，像是排泄黏膩或不順暢、皮膚出油…等。「痰濕」體質者多數是易胖的，可以適當飲用粉葛赤小豆排骨湯、老黃瓜扁豆排骨湯，它們都是常見的祛濕湯。

| | |
|---|---|
| 清熱去濕 | 金銀花、菊花、桑寄生、薄荷、芫荽（香菜）、桑葉、荷葉、茅根、綠豆、橄欖、白木耳、芹菜、白菜、小白菜、節瓜（毛冬瓜、毛瓜）、涼瓜（苦瓜）、勝瓜（絲瓜）、冬瓜、黃瓜、老黃瓜、小黃瓜、茄子、蘆薈、黃豆、黃豆芽、赤小豆、白扁豆、眉豆、豆腐、栗子、陳皮、馬蹄（荸薺）、百合根、紅蘿蔔、白蘿蔔、芋頭、馬鈴薯、蓮藕、葛根、粉葛、淮山（山藥）、牛蒡、土茯苓、白扁豆、黃豆芽、葛根、薏米（薏仁）、番茄、山竹、水梨、奇異果、楊桃、火龍果、西瓜、陳腎、海底椰、海帶、海藻…等 |

## ● 健脾益胃

以中醫食養的觀念來看，養「脾胃」的概念，是為了幫助身體分解和輸送養分，我們常聽的「脾虛」，就是指身體的營養輸送功能差，較難將氣血津液送至身體的其他臟腑。

| 健脾益胃 | 生薑、淮山（山藥）、鮮淮山、菇類、蓮藕、白木耳、水梨、豆腐、山藥、栗子、地瓜、粳米（白米）、糙米、小米、馬鈴薯、蓮藕、紅蘿蔔、南瓜、玉米、花生、麥芽、蓮子、薏米（薏仁）、黃豆、眉豆、黑豆、豆豉、花豆、白扁豆、赤小豆、茯苓、芡實、豬肉、羊肉、牛肉、雞、鵝、陳皮、山楂、沙參、麥冬、砂仁、甘草、人參、黃耆、白朮、茯苓、佛手、紅棗、蘋果、無花果、香蕉、甘蔗⋯等 |
| --- | --- |

## ● 滋陰補腎

補腎不是專屬男人而已，女性也要好好的滋陰補腎！若你有一段日子壓力過大，突然出現白髮異常增多的狀況，可能是多煩惱、多慮，要稍微照顧自己，最近需要養腎也養血了。可透過五行對照速查表查看相關的影響，或選用黑色食材來入菜或煮湯。

| 滋陰補腎 | 黑木耳、白木耳、黑豆、黃豆、豆腐、枸杞、黑杞子、黑芝麻、紅棗、黑棗、黑棗乾、黑桑葚、黑糯米、黑桑葚乾、栗子、花生，山藥、馬鈴薯、栗子、陳腎、海底椰、麥冬、雞蛋、烏骨雞、動物心臟、雞肉、豬肉、牛肉、豬腎（豬腰子）、羊肚、豬肚、鴨肉、海參、章魚、花枝、烏賊、泥鰍、章魚、花枝、蛤蜊、烏賊、帶魚、鯧魚、黃花魚、鱸魚、盲曹魚（盲曹尖吻鱸）、鯝魚、烏魚、比目魚、鯉魚、泥鰍、玉竹、天冬、石斛、百合根、黃精、枸杞子、墨旱蓮、女貞子、當歸、桑寄生、杜仲、花旗參、人參、太子參、黨參、紅參、茯苓、甘草、黃耆、五味子、水梨、蓮藕⋯等 |
| --- | --- |

## ● 滋陰潤燥／生津潤肺

「滋陰潤燥」有時是指透過飲食保養來滋潤呼吸道，或者幫助滋潤皮膚。而「生津潤肺」則大多是指呼吸道和肺部相關的飲食養生方法。尤其在秋季來臨時，滋陰潤燥及生津潤肺就是當季食養最重要的目的，大家可以透過「五行相生相忌圖」查看詳情，或選用白色食材來入菜或煮湯。

| | |
|---|---|
| 潤燥 | 霸王花、橄欖、龍脷葉、白木耳、百合根、黃豆、豆腐、白果（銀杏）、豆漿、栗子、馬蹄（荸薺）、蓮藕、玉米、淮山（山藥）、紅蘿蔔、花膠、螺片、響螺、陳腎、豬肺、鴨、鱸魚、鮑魚、海參，海底椰、白芝麻、核桃、杏仁、南杏、蓮子、川貝、甘蔗、蜜棗、枇杷、檸檬、黃檸檬、蘋果、水梨、無花果、玉竹、沙參、黨參、麥冬、蜂蜜…等 |

## ● 解表／辛涼解表&辛溫解表

中醫食養經常透過飲食來發散表症，外感表症分為「風寒」和「風熱」，就像感冒，風寒感冒宜攝取辛溫解表飲食；風熱感冒者宜辛涼解表，需要清熱。這也是為什麼不是感冒就得驅寒驅寒，有時可能需要的是清熱。

| | |
|---|---|
| 辛溫解表 | 蔥白、牛薑、紫蘇葉、蘇梗、荊芥、白芷、桂枝、芫荽子、麻黃、防風、藁木、辛夷、香薷、獨活（羌活）、透骨草、蒼耳子…等 |
| 辛涼解表 | 薄荷、葛根、柴胡、桑葉、淡豆豉、牛蒡子、菊花、杭菊（甘菊花）、升麻、牛蒡子、咸豐草、升麻、穿山龍、木賊、穀精草、浮萍、薄荷、桑葉、葛根、鑽地風、蔓荊子…等 |

### 【其他說明】

不同國家對於食品及藥材的管制規定不同，這本書裡分享的材料不一定適用於不同法規，台灣的朋友們可以參閱「台灣衛生福利部中醫藥司」所公告的現有《215 種可供食品使用的藥材》。香港的朋友們則可參考「衛生署中醫藥規管辦公室」的《中醫藥條例》。

# CHAPTER 3

# 春夏時節的港式湯水

# 春生・夏長
# 湯水食養方向

　　告別寒冷靜止的冬季，要進入萬物甦醒的春天，在飲食調養上應好好調養身體，打好基礎，準備迎接夏日的到來。到了萬物生長的炎熱夏日，則需防暑邪與濕邪，飲食方面可搭配清熱及祛濕屬性的食物，幫助身體消暑。

## ─春季─

紓肝，補陽・健護脾胃・多甘味、少酸味

　　春季宜補陽、升陽，可多吃嫩芽及綠色食物。春季補肝同時也要健脾，因為肝氣過於旺盛時，反而會影響脾臟（請見圖表：五行相生相忌），護肝的同時也要健脾及紓肝。

　　多吃甘味的食物以護脾健脾為脾胃打好基礎。少食酸，因為有收斂特質的酸會抑制陽氣生長也會阻礙肝氣紓解。以下是春季食養的好食材：

- **嫩芽類食物**：香椿嫩芽、黃豆芽、綠豆芽、春筍、綠韭菜、綠色蔬菜
- **溫和的補陽食物**：薑、蔥、蒜、韭菜
- **健護脾胃及紓肝的的乾貨及藥材**

## —夏季—

養心・清熱・健護脾胃・
多辛味、少苦味

　　夏季宜清熱，可多吃瓜果類及紅色食物。夏季容易心火旺盛，若心火過旺會影響肺（請見圖表：五行相生相忌），在夏季除了去火，同時也要記得養肺。可多吃辛味的食物及清熱消暑的食材，幫助發散體內堆積的熱。少吃苦，因為苦味雖然清熱，但苦味食物會抑制阻礙心火的紓解。以下是夏季食養的好食材：

- **瓜果類**：冬瓜、苦瓜、冬瓜、番茄，紅色食物
- **清熱化濕食材**：綠豆、赤小豆、扁豆、薏米、海帶、粉葛
- **發散性的辛味食材**：蔥、蔥白、薑、蒜、辣椒
- **健護脾胃及生津滋陰的乾貨及藥材**

## —四季—

養脾胃

以中醫養生的角度來看，脾胃是先天之本，無論四季的食養方向如何，養護脾胃都要同時進行。

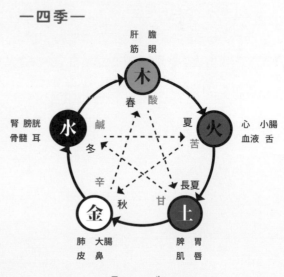

# 嬌嫩的春季美味！
# 用嫩芽食材做湯水

　　嫩芽及嫩葉食材有許多種，與春季食養最為呼應的，就是補陽的香椿嫩芽及補肝的枸杞嫩葉，相較於一年數會的枸杞嫩葉，若春季遇上一年一茬的香椿嫩芽，我會盡量把握香椿嫩芽出場的時機。

　　南北方都有香椿及香椿芽，使用香椿嫩芽入菜在早期的南方地區確實少見，後來因為時代變遷而四通八達；近年來，香椿也開始出現在南方餐桌上。前文提過，香椿是補陽的食材，適合在養肝補陽的春季食用，入菜使用的是紫紅色嫩芽，紫紅色的香椿嫩芽含有花青素，而花青素是水溶性的，只要放入湯內，燙熟的嫩葉尾端的紫紅色會稍微褪去，嫩葉尾端就會變得更鮮綠一些。除了入湯，香椿葉還帶有溫潤的堅果香氣，切碎後再打入雞蛋，就能做成簡單的香椿炒蛋，或做成百搭的香椿醬。

**香椿芽**

香椿適合在養肝補陽的春季食用，入菜使用的是紫紅色嫩芽，它含有水溶性的花青素。

## 春季嫩芽食材小圖鑑

龍鬚菜

枸杞嫩葉

豌豆嫩葉（豆苗）

地瓜嫩葉

包周說

**同樣是發芽，但發芽馬鈴薯不能吃！**

馬鈴薯含有高成分的生物鹼：α-龍葵鹼（α-solanine)及α-卡茄鹼（α-chaconine）。未成熟的綠色馬鈴薯、發芽馬鈴薯、受光照或儲存不當的話，都會使生物鹼成分提高數倍，如果食用，就會產生中毒現象，輕則腹瀉及呼吸困難，嚴重時會出現流涎以及溶血現象。

如何分辨馬鈴薯能不能吃？當馬鈴薯已長出明顯的芽以及薯皮呈現綠色時，這時請留意不要誤食喔！

麥芽

發芽米

發芽糙米

大蒜嫩芽

綠豆芽

黃豆芽

花生芽

滾
湯

春　夏

香椿嫩芽
肉片豆腐湯

**Ingredients**

材料

a.

豬梅花肉或豬里肌肉 150g

香椿嫩芽 10g

嫩豆腐 120g

小青蔥 1 根（約 10g）

水 600ml

海藻細鹽 1/2 茶匙

（約 2.5g，可酌量調整）

b.

玉米粉 2 茶匙（10g）

香油 1 茶匙（2.5ml）

生抽醬油 半桌匙（7.5ml）

冷開水 2 桌匙（30ml）

白胡椒粉 1/4 茶匙（1.25g）

海藻細鹽 1/4 茶匙（1.25g）

冷開水 1 桌匙（15ml）

Tools

使用鍋具　　　2 ～ 3L 不鏽鋼湯鍋或土鍋

Steps

做法

1. 去掉蔥的根部再切成蔥花；摘下香椿嫩芽，不使用粗莖；嫩豆腐切成 2cmx2cm 小方塊。

2. 把豬肉切成長寬約 3cm x 5cm、厚度約 0.2cm ～ 0.3cm 的豬肉片。你也可以直接購買超市販售的肉片，分切成短一點的長度。

3. 將豬肉片放入大碗中，加入材料 b 混合均勻，用手抓拌至肉片吃水，放入保鮮盒或碗，放冰箱冷藏 15 分鐘。

4. 取一個小湯鍋，倒入 600ml 的水，煮至水沸騰後，放入豆腐塊，再將肉片一片片放入熱湯中，避免肉片重疊，當肉片煮至變白即將變熟時，加入香椿嫩芽，並煮軟。

5. 醃漬過的肉片本身已帶有鹹味，建議品嚐一口湯水再適量加入細鹽調整湯水鹹度，起鍋前可按喜好加入少許蔥花。

包周說

香椿致癌不可以吃？這恐怕是令人恐慌的謠言了。曾有網路傳言說香椿含有致癌的硝酸鹽及亞硝酸鹽會致癌，但其實其他蔬菜類也同樣含有硝酸鹽及亞硝酸鹽。硝酸鹽本身無毒，但亞硝酸鹽則會在體內與胺合成為致癌的的亞硝胺。若想避免亞硝胺對身體的傷害，建議趁蔬菜新鮮時盡快食用完畢。

# 枸杞果實與
# 葉用枸杞的不同

　　我們平時常使用的紅色枸杞，是「小葉枸杞樹的果實」，需要以年為單位的時間來種植成灌木叢，才能生長出飽滿的枸杞果實。而在廣東飲食裡經常會出現的枸杞葉，則是稱為「葉用枸杞」的品種，從葉用枸杞嫩莖摘下的枸杞葉能作為蔬菜食用，所以也被稱為「枸杞菜」。

▲枸杞。

▲已經摘下葉子的枸杞葉。

　　中醫食養總把枸杞及枸杞葉歸在清肝明目的那一類，你覺得這是古人的胡說八道嗎？從現代的營養角度來看，枸杞葉富含甜菜鹼（Betaine）及 $\beta$ - 胡蘿蔔素（$\beta$-Carotene），甜菜鹼有助於肝臟細胞再生及解毒並有解毒的功能。而胡蘿蔔素會在人體內轉化為維生素 A，能預防視力下降及避免眼部疾病。

　　廣東人把補肝的枸杞葉搭配豬肝煮湯，看似與古人深信的「以形補形」思維有關，雖然豬肝的營養和補肝其實有點距離，但豬肝還是富含鐵質及維生素 A，而且跟枸杞葉的味道很搭喔！

　　用枸杞葉入菜時，只會使用葉片，所以要從帶刺的莖上取下枸杞嫩葉，若一片片地摘，實在太慢了！我會將枸杞嫩莖的枝條倒過來拿，一手抓著頂端，另一手順著刺的方向，用類似摘下百里香葉片的方式，把枸杞葉給「嚕」下來。要注意！若是逆著刺的方向嚕下葉片，有時會刺傷手，只要看清楚刺的方向就可以，若害怕的話建議戴手套比較安全。

◀將枸杞嫩莖的枝條倒過來，然後一手抓著頂端，另一手順著刺的方向，往下把枸杞葉給「嚕」下來，類似摘下百里香葉片的方式。有時進口的枸杞菜莖上會帶刺，而香港本地枸杞菜的莖上大多無刺，無論如何在「嚕」葉片之前，注意先看清楚，才不會刺傷手了。

在香港通常能買到的葉用枸杞有兩種——本地種植及大陸進口，大陸進口的枸杞菜在莖上經常帶有小刺，且葉片呈現青綠色；香港本地種植的枸杞菜，它的莖上較少有刺，外觀上是雙托葉片，生長茂盛且顏色較偏向墨綠色。

雙托葉片！

單托葉片！

▲香港本地大葉枸杞，外觀上是雙托葉片，成雙交錯，葉片長得短圓而茂盛，偏墨綠色。

▲中國大陸進口的大葉枸杞，單托葉片，葉片分佈交錯。葉片薄大細長，且呈青綠色。

　　香港朋友 Kent 和 Zoe 向我推薦香港本地蔬菜及枸杞菜的美味，因此引薦我到了香港本地農場走訪並認識深耕已久的農夫職人們。經營香港新界蕉徑達記園數十載的譚姓一家人：Angela 大姐、光哥、Ivan 哥及文哥，帶著我走進農田，讓我請教對於香港蔬菜的所有疑問。職人們總是耐心回答還親自帶我下田採收，學習不同蔬菜摘取方式的同時，一邊告訴我各種解答。譚家一家人各司其職，兄弟們種植農作物，大姐推廣農產品製作的天然食品（港農手作）。

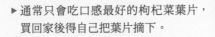

▶ 通常只會吃口感最好的枸杞菜葉片，
　買回家後得自己把葉片摘下。

　　在現今急功近利的環境裡，他們卻能堅守少有的職人精神和目標，是極其珍貴的，讓我非常尊敬以及佩服，真心希望能有越來越多人願意支持香港本地農產，讓美味食材能延續和被好好品嚐。

滾湯

春　夏

# 豬肝湯　枸杞葉嫩薑

材料

**a.**

豬肝 260g

嫩薑 17g

帶莖枸杞葉 300g

枸杞 5 ～ 8 粒

水 1500ml

玄米油 1 茶匙（5ml）

海藻細鹽 1/4 茶匙

（約 1.25g，可酌量調整）

**b.**

釀造大豆醬油 1 桌匙（15ml）

香油 半桌匙（7.5ml）

白胡椒粉 1/4 茶匙（1.25g）

玉米粉 2 茶匙（10g）

海藻細鹽 1/4 茶匙（1.25g）

**Tools**

使用鍋具　　3～4L 不鏽鋼湯鍋或土鍋、石鍋

**Steps**

做法

1. 摘下枸杞葉的嫩葉，以流動的水洗淨後瀝乾水分；把嫩薑切細絲，放入保鮮盒，放入冰箱冷藏。

2. 用流動的水將整塊豬肝洗淨，接著以開蝴蝶片的方式切好豬肝。開蝴蝶片的切法是：第一刀不切到底，第二刀才切到底，展開的蝴蝶片就像一本翻開的書，開蝴蝶片的方式也適用於手切肉片。

3. 將開好蝴蝶片的豬肝放在有深度的器皿裡，在水龍頭下反覆抓洗數次至血水不再滲出，而且暗紅的豬肝顏色變淺為止。豬肝瀝乾水分，加入材料 b 抓拌均勻，放入保鮮盒移至冰箱冷藏 15～20 分鐘，或在當日內盡快使用完畢。

4. 準備小湯鍋加入水及嫩薑絲，開中火煮至水沸騰且湯水開始出現薑的淡黃色。接著在湯水內加入 1 茶匙玄米油，此步驟可讓水煮菜葉減少澀味，口感還能變得更滑嫩。

5. 在鍋內放入枸杞葉，等葉片稍稍轉綠，一片片放入醃漬好的豬肝，避免豬肝重疊，轉成極小火燜泡至豬肝變色，醃漬豬肝本身帶有鹹味，品嚐一口湯水，適量加入細鹽調整湯水鹹度。

6. 枸杞微溫、枸杞葉微寒，在春天煮這道湯時可增加少許枸杞，在夏天就不放枸杞，另外放不放枸杞也可視體質做決定。

7. 不吃內臟的朋友，也可以將枸杞葉搭配肉片煮湯，肉片的調味方式可參考「香椿嫩芽肉片豆腐湯」的做法。

 譚家一家人、Zoe 大姐及 Kent 不約而同地都告訴我：「別丟掉枸杞莖啊！枸杞莖可以用來熬湯底湯，用來煮枸杞葉滾湯，風味更濃郁！」

# 香港湯水裡的番茄味

**番茄醬（茄汁）的英文 Ketcup 真的和廣東話及閩南語有關嗎？**

因為 Ketcup 英文發音的緣故，加上 19 世紀時於香港油麻地曾有番茄醬工廠的存在[註1]，因此曾有不少香港人普遍認為 Ketcup 字源自於番茄醬的粵語——茄汁（粵音 ke jap），雖然也有人認為與閩南語的「茄汁」kôe-chap 有關。但茄汁在廣東話及閩南語發音與現代的番茄醬 Ketchup，恐怕只是發音上的巧合，番茄醬叫做 Ketcup，反而是和魚露的遷移演化及商業普及有關。

最初在中國已有出現鹹鮮味的發酵魚露汁，當時尚未被稱為現今華語的「魚露[註2]」。17 世紀時在福建地區被唸為 kôe-chap（此為泉洲音，漳洲音則為 kê-chiap）的魚露，才從福建沿海傳到東南亞及英國。

為了仿效 kôe-chap 的美味，在 1770 年的英國出現使用鰻魚與蘑菇的蘑菇魚露及只用蘑菇為主的蘑菇醬（Mushroom ketchup）[註3]。英國作者 Eliza Smith 也在 1772 年發表了一本書，書中提到鰻魚、蘑菇和辣根及白葡萄酒製成的英國魚露（English Ketchup）[註4]，這本書在 1742 年仍是英國殖民地的美國出版。

番茄魚露的第一次出現，是英格蘭的 Alexander Hunter 在 1804 年發表了第一款鯷魚番茄 Katchup；1817 年英國商人及業餘廚師 William Kitchiner 出版的食譜[註5] 也記載了使用鯷魚番茄製作的番茄魚露（Tomato Catsup），只不過這兩款 Ketchup 仍是發酵魚露汁，與現代的番茄醬有區別。

第一個只使用番茄而不用海鮮去發酵的 Ketchup 配方，是美國園藝學家，同時也是科學家及醫生的 James Mease 在 1812 年發表的《Love apple made fine catsup[註6]》，食譜內使用當時被稱為「Love apple」的紅番茄，把番茄切片，層層撒鹽靜置 24 小時，搗成泥狀加入肉豆蔻燉至濃稠，冷卻後加入切碎生洋蔥和白蘭地，這個版本的番茄醬，還沒有現代番茄醬的強烈酸甜風味。

美國商人 Jonas Yerkes 在 1837 年首次推出瓶裝的番茄醬（Tomato Ketchup），亨氏食品也在 1876 年效仿推出亨氏番茄醬（Heinz Tomato Ketchup），並增加糖和醋以改善保存期限，成為現今的糖醋風味，風味改變後的番茄醬很受歡迎而更加普及，也因口語的簡化下將 Tomato Ketchup 省略唸成了現在的 Ketchup。

▶ James Mease 的食譜是用切片紅番茄，層層撒鹽靜置 24 小時，搗成泥狀加入肉豆蔻燉至濃稠，冷卻後加入切碎生洋蔥和白蘭地；相較於現代番茄醬，這個版本的酸味較溫和。

### 俄羅斯紅蔬菜湯

使用甜菜根、高麗菜與牛肉煮成的紅色蔬菜湯。

### 上海羅宋湯

用糖炒過的番茄醬取代甜菜根，做成上海風味的紅色蔬菜湯。

**酸香醒神！不同版本的紅色番茄湯**

既然說到番茄，就不能不提到濃厚番茄風味的港式羅宋湯，這道經典湯品延伸出各地口味的版本。羅宋湯是俄羅斯、烏克蘭都有的傳統蔬菜湯（Borscht），並且有紅色羅宋湯、綠色羅宋湯及白色羅宋湯。使用甜菜根、高麗菜與牛肉煮成的紅色羅宋湯，後來逐漸展露頭角，並在二戰時期從俄羅斯傳到上海，因為上海方言而被稱為「羅宋湯」。為了符合上海當地的飲食偏好，上海版羅宋湯裡的甜菜根消失了，改成用糖炒過的番茄醬取代，做成番茄風味的羅宋湯。

因為移民潮的緣故，羅宋湯到了香港時，早期在俄式高級西餐廳及上海西餐廳供應，在 60 年代曾經是昂貴的食物代表，隨著西餐普及與社會逐漸富裕，便因應香港人偏愛濃郁湯品和對於番茄醬的喜好，逐漸融合在地風土並演化成具有濃烈番茄風味的「港版羅宋湯」。

或許是受到英國殖民飲食的西化影響，香港人老早已接觸並且喜歡上番茄醬的美味，在 19 世紀的香港就有本地的番茄醬工廠，並外銷到歐洲。所以香港人對於番茄湯品及湯底的接受度很高，日常飲食中就有各式各樣的番茄湯品、可加入粉或麵的番茄湯底、能選擇番茄湯底的打甂爐（火鍋），自然而然也接受了羅宋湯。

　　但早期，羅宋湯是香港西餐廳（茶餐廳）裡才有的料理，當昂貴的西餐逐漸平民化成為基本湯品後，番茄湯底成了香港人習慣的湯底選項之一。無論西餐廳或茶餐廳都有港式羅宋湯的蹤跡，這表示濃郁的番茄風味在港式湯品中確實佔有一席之地。港式羅宋湯演變到後來還出現了使用番茄、馬鈴薯搭配豬肉或魚類的港式番茄煲湯：番茄薯仔排骨湯、番茄薯仔魚湯。

　　羅宋湯到了台灣後，則有了另一種風貌。早期在台灣的俄羅斯西餐廳與上海餐廳裡，便有俄式甜菜根羅宋湯及上海版番茄羅宋湯在菜單上。隨著西餐普及並因應在地口味，變成風味清爽並加強芹菜香氣及蔬菜鮮甜味的「台式羅宋湯」。一碗羅宋湯能演變出這麼多版本，真的是飲食無國界啊！

　　食物隨著人遷移而配合當地有了演變，也會因創新而改變，以及因為商業化而普及。至於正宗好？還是創新好？若你是飲食文化人或者知識傳播者，好好傳達是必要的；若是餐飲經營者，難免以商業考量迎合大眾調整口味。其實餐飲業者是和大眾是更快傳達飲食知識的角色，只是似乎難兩全啊！

### 台式羅宋湯

台灣的羅宋湯是湯色清澈且加強芹菜風味的版本。

【文獻及註解】

1. The Governor's Address to the Council on the Census Returns, 1881", Administrative Reports 1881, pp.2-3. Papers laid before the Legislative Council of Hongkong 1881, Hong Kong Government Reports Online（1842-1941）

2. 在當時各地使用的語言仍是在地方言，現今普遍使用的華語（標準漢語）是在清朝及民國之後才被訂製為中國標準官方用語。但「魚露」這個在華語世界通用的名稱，也是在之後才出現。

3. Cooke, Mordecai Cubitt（1891）. British Edible Fungi. Kegan Paul, Trench, Trübner & Company Limited. pp. 201–206.（https://archive.org/details/in.ernet.dli.2015.214851）

4. Eliza Smith（1712）《The Compleat Housewife, or Accomplish'd Gentlewoman's Companion》

5. William Kitchiner（1817）《The Cook's Oracle》

6. Andrew F. Smith（1996）《Pure Ketchup:A History of America's National Condiment, with Recipes》

煲湯

夏季、四季

羅宋湯　港式茶記風格

**Ingredients**
材料

牛腱 430g（可換牛尾）

牛番茄 340g

甜菜根 120g

西洋芹 130g

紅蘿蔔 230g

高麗菜 230g

洋蔥 246g

紅甜椒 1/4 個

乾燥朝天椒 1 根

月桂葉 2 片（可換百里香）

帶皮黃檸檬蒂頭 30g

去籽醃青橄欖 8 粒

粗鹽 1 ～ 1.5 茶匙

番茄膏 70g（Tomato paste）

白葡萄酒 30ml（Chardonnay）

玄米油 4 大匙（60ml）

大蒜 30g

白胡椒粉 1 茶匙（5g）

水 2500ml

**Tools**

使用鍋具　　　3～4L 不鏽鋼湯鍋或雙耳土鍋

**Steps**

做法

1. 西洋芹稍微刮去粗纖維，切 0.5 公分細段；高麗菜去菜芯，剝成 4cm 左右塊狀；黃檸檬帶皮切小塊、紅甜椒切小塊、洋蔥去皮切滾刀塊、紅蘿蔔削皮切扇型厚片、大蒜切細末、牛番茄去皮切塊、甜菜根削皮切滾刀塊；牛腱切成 3～4cm 厚片，備用。

2. 用湯鍋燒熱玄米油，放入牛肉厚片炒到外表變色，放入 1 茶匙粗鹽、番茄和番茄膏炒至油光變紅。這時提早加入粗鹽的用意，是想利用鹽的特性，讓番茄及後續要加入的蔬菜更快變軟及釋放味道。

3. 放入蒜末、洋蔥持續翻炒，炒至洋蔥稍微變軟，再放入西洋芹、甜菜根、紅蘿蔔、紅甜椒及高麗菜，持續翻炒到蔬菜變軟並均勻沾染上紅色。

4. 加入白葡萄酒、青橄欖、白胡椒粉、月桂葉、乾燥朝天椒、帶皮黃檸檬蒂頭以及 2500ml 的水，加蓋以中火燉煮 2 小時。

5. 由於每次購買的鹹橄欖及番茄膏品牌不一定相同，建議燉煮完成後先試試鹹味，若有需要可再補上 1/2 湯匙海藻細鹽。

有些人做這個食譜還會再加入伍斯特醋（港稱：喼汁）增加酸味，及砂糖增加甜味，甚至有些茶記還會加 Tabasco 或辣油調味，但我個人偏好及個人配方的設定上，還是偏向不額外添加這些。

滾
~湯~

夏季、四季

排骨湯　番茄薯仔

**Ingredients**

材料

豬腹脅排骨 300g

牛番茄 3 顆

新馬鈴薯 1 顆

小青蔥 1 根

玄米油 1 茶匙（5ml）

水 1000ml

粗鹽 1 茶匙（約 5g，可酌量調整）

`Tools`

使用鍋具　　　3～4L 不鏽鋼湯鍋或雙耳土鍋

`Steps`

## 做法

1. 新馬鈴薯削皮切塊；牛番茄去蒂頭切塊；蔥綠切蔥花，蔥白切段，備用。

2. 豬腹脅排骨放在鍋內，加入冷水淹過表面，開小火加熱到出現小水泡但尚未沸騰的狀態，等肉表面變白出現浮沫後關火，在水龍頭下將浮沫雜質搓洗乾淨，瀝乾水分。

3. 在湯鍋內放入玄米油、番茄塊、蔥白段及粗鹽（可按鹹度喜好酌量調整），以中火直接炒至番茄出現橙色油光，出現少許茄汁且蔥香滿溢時，取出蔥段丟棄。

4. 若你以滾湯方式料理這道湯：放入豬腹脅排骨、馬鈴薯塊與 1000ml 冷水或滾水，加蓋轉煮 30 分鐘，完成後撇去湯水表面的大片脂肪與浮沫，用鹽調味即完成。沖入滾燙熱水，會更容易讓湯水更快呈現濃郁奶白的狀態。

   若你以煲湯方式料理這道湯：得使用更大的鍋具，並請增加豬腹脅排骨至 450g，加入馬鈴薯塊，水量也增加至 2500ml，加蓋煲煮 2.5～3 小時，完成後湯水自然即會煲煮成不透明狀態，湯水風味也更濃郁，撇去湯水表面的大片脂肪與浮沫，用鹽調味即完成。

5. 這道湯品完成後不需加蔥花，會加入綠色蔥花，是我個人的小習慣，單純希望視覺色彩豐富的緣故～

茄紅素是油溶性，想要番茄湯的顏色鮮紅，只需把番茄、番茄醬或番茄膏，用油炒至出現橙紅色的油光，就能讓料理的橙紅色稍微變得明顯。

辣椒紅素、薑黃素也都是油溶性，烹調含有辣椒粉、辣椒醬、薑黃的料理時，只要先用油炒過讓顏色釋放出來，料理中的紅和黃色就會變得很鮮明！

# 節瓜與櫛瓜

　　如果你在香港聽見「節瓜湯」或「節瓜」，指的是葫蘆科冬瓜屬的節瓜（學名：Benincasa hispida var. chieh-qua），而不是櫛瓜。節瓜的外型像迷你型的冬瓜，外層有細緻絨毛，所以也被稱為「毛冬瓜」。切開的剖面更是可見瓜囊，味道與冬瓜不同，味道就像瓜！節瓜除了被稱為毛冬瓜，在北方也被稱為「毛瓜」、「小冬瓜」，節瓜隨著廣東移民及早期的貿易傳到了海外，它的英文名便是廣東話音譯的 Chi qua。

　　除了節瓜，在香港當然也有櫛瓜，但櫛瓜是指葫蘆科南瓜屬的夏南瓜（學名：Cucurbita Pepo），不過在香港普遍稱本地及中國產的淺綠色品種為「翠玉瓜」，進口的黃色及深綠色品種則稱為「櫛瓜」，但更多時候在以英文為主的香港餐廳，你會見到它以 Summer Squash 或 Zucchini 的英文名稱在菜單上出現，或是法國餐廳的菜單上見到它的法文名 Courgette。夏南瓜在其他華人地區也被稱為「西葫蘆」，而在台灣則普遍跟著菜商取的名稱，稱之為「櫛瓜」或「夏南瓜」。

　　食材名稱到了不同地方有不同名字，就像馬鈴薯被稱為「土豆」、「薯仔」，名稱就只是名稱，在什麼地方買菜或在什麼地方生活，就使用那邊普遍習慣使用的名稱吧。

### 節瓜（毛冬瓜、小冬瓜）

節瓜的外型像迷你型的冬瓜，外層有
細緻絨毛，所以也被稱為「毛冬瓜」。

▲ 在香港，節瓜會和幾種
乾貨和藥材一同煲湯，
像是乾章魚、乾干貝…
等加上麥冬、蜜棗，煲
成章魚干貝節瓜豬尾骨
湯。

### 櫛瓜（夏南瓜、翠玉瓜、西葫蘆）

櫛瓜指的是葫蘆科南瓜屬的夏南瓜，學名是
Cucurbita pepo。在香港普遍稱本地及中國
產的淺綠色品種為「翠玉瓜」。

春　夏

## 豬尾骨湯　章魚干貝節瓜

| **Ingredients** | 帶肉豬尾骨 370g（可改為豬腱骨或帶肉豬筒骨） |
|---|---|
| 材料 | 薑片 10g+10g |
| | 乾章魚 40g |
| | 乾干貝（乾瑤柱）27g |
| | 節瓜（毛冬瓜）445g |
| | 蜜棗 45g |
| | 麥冬 8g |
| | 水 2500ml |
| | 粗鹽 適量（依章魚及乾干貝的鹹度做調整） |

Tools

使用鍋具　　4L 以上不鏽鋼湯鍋
　　　　　　（也可用 8 ～ 10L 不鏽鋼深湯鍋，因為煲湯食材份量多，
　　　　　　鍋具需要大一點）

Steps

做法

1.　沖洗乾章魚的外層，放入不鏽鋼盆泡水 1.5 小時，瀝乾水分，剪去章魚嘴，再稍微對切。

2.　沖洗乾干貝的外層，以小碗泡水 30 分後瀝乾水分，掰開。將麥冬的外層稍微沖洗，瀝乾水分。

3.　洗淨毛冬瓜外層，用金屬湯匙刮去外皮，保留一點淺綠，切成滾刀塊。

4.　豬尾骨與 10g 薑片放入湯鍋，加入冷水淹過食材表面，開小火加熱到肉表面變白、肉骨血水出現為止。

5.　即將沸騰時關火，在水龍頭下將外層浮沫雜質搓洗乾淨，瀝乾水分。

6.　取一個湯鍋，放入所有材料、10g 薑片以及 2500ml 的水，加蓋開大火煮滾，接著轉小火煲 1 小時，中間不開鍋蓋（若使用保溫性佳的土鍋則改為 50 分鐘）。

7.　完成後開蓋，由於章魚及干貝都有一點鹹度，且每次購買時的鹹度不盡相同，建議先喝一口湯試試鹹度，再按個人喜好酌量調整鹹度。

 若使用較多油的軟骨排骨或一字排骨，可稍微撇去湯表面上大片的油。

# 傳統生鹹鴨蛋及
# 生曬鹹雞蛋黃

　　鹹蛋，不就是帶著殼醃漬而成的鹹鴨蛋嗎？原來在香港的大澳還能見到另一種以日曬方式製成的「生曬鹹雞蛋黃」，做法是將新鮮雞蛋黃放在圓形的竹製篩網（圓型笡箕、圓簸箕）上，均勻撒上鹽，在艷陽下曬到變成軟糖般的質地。

▲大澳隨處可見日曬的生曬鹹雞蛋黃。

　　曬了這麼多的蛋黃，那蛋白到哪裡去了？一位在大澳居住的攝影藝術家告訴我，以前漁村媽媽們會用大量蛋白塗在麻質漁網上，然後反覆蒸，這個方式可以增加漁網的耐用性。在貧窮的漁村時代，剩下的蛋黃更是不能浪費，便以鹽曬的方式保存製成生曬鹹雞蛋黃，這本來是保養漁網時多出的蛋黃製品，久而久之，生曬鹹雞蛋黃也成了在地特色產

物。時代進步後，漁網也從以前的苧麻製變成尼龍製了，雖然現在不用蛋白來處理漁網，但生曬鹹雞蛋黃還繼續在大澳存在著。

　生曬鹹雞蛋黃與傳統鹹蛋黃的鬆沙口感十分不同，這一種日曬鹹蛋黃的質地很特別，蛋黃不出油且鹹度較低，口感像 QQ 軟糖一樣有彈性，即使蒸過之後還是會有一點點紮實的口感，可以切成丁搭配蒸肉餅！而傳統鹹蛋黃質地則鬆散，蒸熟了還會出油，若是要做金沙料理或湯品的話，還是選用傳統鹹蛋會更加適合。

◀ 在香港買到的生鹹鴨蛋，外面會裹上草木灰，料理之前要沖洗乾淨。

▲ 生鹹鴨蛋敲出來後，鹹蛋白呈現稀水狀，鹹蛋黃則是口感扎實並呈現橙紅色澤。

◀ 在台灣普遍能買到的鹹鴨蛋，一般來說台式鹹鴨蛋已經是煮熟的。

煲湯

春　夏

鹹蛋節瓜瘦肉滾湯

## Ingredients

材料

**a.**

豬梅花肉或豬里肌肉 150g

節瓜（毛冬瓜）255g

水 620ml

生曬鹹雞蛋 2 顆

海帶芽 2g（可略，請見右頁）

海藻細鹽 1/4 茶匙（約 1.25g，可酌量調整）

**b.**

玉米粉 2 茶匙（10g）

生抽醬油 半桌匙（7.5ml）

冷開水 2 桌匙（30ml）

白胡椒粉 1/4 茶匙（1.25g）

冷開水 半桌匙（7.5ml）

生曬鹹雞蛋白 1/3 份

Tools

使用鍋具　　　3～4L 不鏽鋼湯鍋或石鍋、土鍋

Steps

做法

1.　敲開 2 顆生曬鹹雞蛋，分開蛋黃與蛋白，並將鹹蛋白再分為 3 份（做法 3 使用 1/3 份，做法 5 使用 2/3 份）；海帶芽泡發後瀝乾。

2.　豬肉切成長寬約 3cm x 5cm、厚度約 0.2～0.3cm 的豬肉片。

3.　將豬肉片加入材料 b，把肉片拌至吃水，放入保鮮盒或碗中，進冰箱冷藏 15 分鐘。

4.　洗淨節瓜外層，用金屬湯匙刮去外皮，保留一點淺綠，切滾刀塊（若沒有分開兩個砧板，請先處理節瓜再切豬肉，避免食材汙染）。

5.　取一個湯鍋，加入節瓜與 620ml 的水，煮至水沸騰後，一片片放入肉片、鹹蛋黃與海帶芽，煮至肉片變色後關火，再加入 2/3 份鹹蛋白，攪拌均勻。

6.　由於鹹蛋本身已有鹹味，若擔心每次購買的鹹蛋鹹度不同，或覺得鹹味不足，最後再酌量增加少許細鹽。

這道湯品通常不加海帶芽，但在炎熱的夏天裡，我會額外添加屬性偏寒的海帶。海帶本身含有最天然的鮮味成分——穀氨酸，可讓湯品增加鮮甜味，但相對地，海帶風味也會稍微搶走味道清淡的節瓜（毛冬瓜）的味道喔！

# 從果實到嫩梢都能吃，
# 合掌瓜與龍鬚菜

佛手瓜在香港稱為「合掌瓜」，因為看起來就像雙手合掌的形狀。合掌瓜和龍鬚菜是同一種植物，龍鬚菜是它的莖蔓嫩梢，而合掌瓜則是它結的瓜果，這個食材在 19 世紀傳入亞洲後，就一直在亞洲餐桌上佔有一席之地，潛移默化地成為我們餐桌上的一份子，只不過在台灣較經常食用龍鬚菜，而在重視湯水料理的香港，則是比較常用合掌瓜煮湯。

▲ 合掌瓜（佛手瓜）和龍鬚菜出自於同一種植物，左圖是瓜果，右圖則是它的莖蔓嫩梢。

 佛手瓜不是佛手柑，別搞錯囉！
佛手柑是原產於自義大利的柑橘品種，外型呈現手指狀。

### 和許多食材都能搭的佛手瓜

　　若你平常使用佛手瓜煮湯，或許會對於佛手瓜料理變化感到苦惱。

　　建議你可以將本書裡的黃瓜湯、冬瓜湯裡的瓜類，都更換成佛手瓜來煮看看。並將肉類更換為：豬排骨、豬筒骨、豬腱骨、豬腱、雞、鴨；也可使用海味乾貨去堆疊湯水的鮮味厚度：乾干貝（乾瑤柱）、乾燥螺片、螺頭或乾章魚。並搭配多樣蔬果堆疊風味層次：玉米、青蘿蔔、醜胖紅蘿蔔、椰肉、荸薺、蜜棗。

　　只要使用以上的應用變化技巧，就可以變換出以下佛手瓜湯品：章魚佛手瓜豬腱湯、五指毛桃佛手瓜排骨湯、佛手瓜清補涼、合掌瓜去濕湯…等。

煲
湯

春夏、四季

# 佛手瓜排骨湯

Ingredients

## 材料

帶肉豬筒骨 450g（請肉販先剁成段）

佛手瓜 460g

黃玉米 380g

胖醜紅蘿蔔 500g

白木耳 25g

眉豆 30g

玉竹 20g

無花果乾 50g

南北杏 30g

水 3000ml

粗鹽 1 ～ 1.5 茶匙

（約 5 ～ 7g，可酌量調整）

使用鍋具　　　4L 以上不鏽鋼湯鍋
　　　　　　　（也可用 8 ～ 10L 不鏽鋼深湯鍋，因為煲湯食材份量多，
　　　　　　　鍋具需要大一點）

Steps

做法

1.　白木耳放入大盆泡水至少 1 小時，等待泡軟膨脹後瀝乾水分，用剪刀剪去底部硬頭，切成大塊狀。

2.　稍微沖洗眉豆、南北杏、玉竹，放在小碗裡泡水 1 小時，瀝乾水分；無花果乾掰開、佛手瓜及黃玉米洗淨後切大塊、紅蘿蔔削皮切大塊。

3.　將豬筒骨平攤在鍋內，加入冷水淹過表面，開小火加熱至出現小泡泡但尚未沸騰時，等肉表面變白且出現浮沫後關火，在水龍頭下把豬筒骨外的浮沫雜質、碎骨搓洗乾淨，瀝乾水分。

4.　取一個湯鍋放入所有材料，加入 3000ml 的水，加蓋開大火煮滾後，轉小火細煲 3 小時，中途不開鍋蓋。若使用保溫性佳的土鍋可改為 2.5 小時。

5.　完成後開蓋，分兩次加入粗鹽，加入第一次後先喝一口湯試試鹹度，再按鹹度喜好調整，盡量別喝太鹹喔！

早期曾有句話：「富人喝湯，窮人吃湯渣」，真是那樣嗎？其實並不是如此絕對，這句話只是反映廣東人豪氣地使用許多材料及使用長時間煲湯，但如此會使食材味道變淡、口感變差，加上飲食習慣是喝湯水為主，因此把材料稱為「湯渣」。至於吃不吃湯渣則看個人喜好，雖然有些藥材乾貨類的材料真的不吃，但部分湯料仍可品嚐看看。有不少營養師提醒，長時間燉的湯含有較高的普林（Purine，又稱為嘌呤），痛風或腎病患者需少喝，或得縮短煮湯時間。

# 霸王花？是武打女星？

▲ 撥開曬乾的量天尺（霸王花）

　　初次喝到霸王花煲湯便是和香港的長輩們在外用餐時，當時看著桌上一盤湯渣，眼前那陌生且不吃的煲湯食材，我心裡充滿了疑惑，因為在台灣餐桌上沒有這個食材的蹤跡啊！

　　「請問，這個是什麼材料啊？」

　　「這是霸王花」

　　「霸王花？是什麼⋯」其實我的腦海裡一瞬間浮現了香港的老電影《霸王花》。

　　不找到答案就會覺得渾身不舒服的我，後來才終於明白霸王花到底

**新鮮的量天尺花朵**

量天尺有許多不同的品種，所以開出來的花朵及果實的顏色也
有分別，而它的果實就是火龍果。

是什麼。原來它屬於仙人掌科家族的植物，是仙人掌科量天尺屬的「量天
尺」，將花苞拆下剝開並曬乾後，就成了港式煲湯裡常出現的食材——霸王
花，而它的果實就是大家知道的火龍果。由於量天尺科植物也有許多不同的
品種，所以開出來的花朵及果實的顏色也會有分別。

　　台灣餐桌上常見的仙人掌科量天尺屬有好幾種，包含紅皮紫紅肉火龍果、紅
皮白肉，以及近年在亞洲地區也開始興盛的黃皮白肉火龍果。此外，還有仙人
掌科蛇鞭柱屬的黃皮白肉的麒麟果，以及仙人掌科仙人掌屬的梨果仙人掌果
實，這些都是美味的仙人掌家族的水果喔。

## 這些都是「仙人掌量天尺屬」！

### 多肉果實家族圖鑑

### A‧仙人掌科量天尺屬

**紅皮紅肉火龍果**
Hylocereus polyrhizus

甜度適中，果肉細緻滑嫩，量天
尺支條的刺座會開花結果，水果
本身無刺，只有長長的苞葉。

**紅皮白肉火龍果**
Hylocereus undatus

甜度低，果肉細，量天尺支條的
刺座會開花結果，水果無刺，只
有長長的苞葉。

**口感比一比！**　這兩種火龍果的籽最小，相當於黑芝麻 1/2~2/3，咀嚼時很難感覺到籽
的存在感。

### 黃皮火龍果
#### Selenicereus megalanthus

甜度高，果肉口感介於麒麟果及火龍果之間。水果無刺，只有長長的苞葉。籽的大小比紅皮火龍果還大，相當於黑芝麻，咀嚼時沒有太明顯的感覺。

## B · 仙人掌科蛇鞭柱屬

### 麒麟果
#### Selenicereus megalanthus

甜度最高，果肉蓬鬆滑嫩似燕窩。水果外皮有刺，但通常到市場上販賣的已經去掉刺了。麒麟果籽的大小比黃皮火龍果大，尺寸介於黑芝麻與辣椒籽之間，咀嚼到籽時有脆脆口感，不礙口！

## C · 仙人掌科仙人掌屬

### 仙人掌果
#### Opuntia ficus-indica

仙人掌果的風味清甜，果肉口感比火龍果扎實。果實外皮有刺，有些地方在販售之前就已經去掉刺了。仙人掌的籽最大，相當於石榴籽的大小，雖然也能咬碎，但有更多人選擇榨汁後去籽再製成冰沙或雪酪。

煲湯

春夏、四季

霸王花無花果排骨湯

**Ingredients**

材料

豬腹脅排骨 360g

霸王花 75g

胖醜紅蘿蔔 500g

黨參 20g

玉竹 30g

乾燥百合根 30g

無花果乾 80g

南北杏 30g

水 3000ml

粗鹽 1 ～ 1.5 茶匙

（約 5 ～ 7g，可酌量調整）

【註】也可改用西施排骨或豬腱骨，這兩種肉質即使經過長時間煲煮仍美味可口！特別適合喜歡吃湯料的你。

Tools

使用鍋具     4L 以上不鏽鋼湯鍋

（也可用 8 ～ 10L 不鏽鋼深湯鍋，因為煲湯食材份量多，鍋具需要大一點）

Steps

做法

1. 沖洗霸王花並泡水 1 小時後瀝乾水分；掰開無花果乾，紅蘿蔔削皮切大塊；乾燥百合根、南北杏稍微沖水後也瀝乾。

2. 豬腹脅排骨入鍋，加入冷水淹過表面，開小火加熱到出現小水泡但尚未沸騰時，等排骨表面變白，出現浮沫後關火，在水龍頭下把排骨外的浮沫雜質搓洗乾淨，瀝乾水分。

3. 取一個湯鍋放入所有材料，加入 3000ml 的水，加蓋開大火煮滾後，轉小火細煲 3 小時，中途不開鍋蓋，若使用保溫性佳的土鍋可改為 2.5 小時。

4. 完成後開蓋，分兩次加入粗鹽，加入第一次後先喝一口湯試試鹹度，再按鹹度喜好調整。

香港湯品通常會撇油，若使用到脂肪多的排骨、豬肉或皮下脂肪多的雞肉做煲湯，一般習慣把湯水表面浮起的大片或大滴浮油都撇去，避免喝入大量湯水時隨之喝入過多油脂。

# 感冒不一定要驅寒！
# 可能也需要清熱？

　　與西方飲食觀念不同，中醫將感冒分為風寒感冒及風熱感冒。風熱感冒時需要「清熱」，而不是「驅寒」，可選用屬性的菊花、白蘿蔔、薄荷、綠豆、雪梨、銀耳、無花果、蜂蜜、玉竹、沙參、麥冬…等食材煮成的清熱滋潤湯水，在感冒康復後作為飲食調養。

　　而加入大量蔥白的蔥雞湯、薑湯、蔥湯的「驅寒湯水」，只適合風寒感冒的人作為飲食調養使用。

　　此外，或許大家曾聽過「虛不受補」這句話，其實是因為「虛」分為

氣虛、血虛、陽虛、陰虛。只要不是中醫師，就未必能從表證判斷造成虛弱的根源問題。所以我常強調，生病了不要擅自進補，先看醫生治療疾病，並且吃營養清淡且性平的食物。等稍加康復後，讓持牌中醫為你判斷當下體質及次適合的調養方向，搞清楚自己是氣虛、血虛、陽虛還是陰虛？等知道了之後再「補」也不遲。

比「虛不受補」這句話更貼切的解釋是「別擅自亂捕」，因為補錯方向可能反而上火哩。

## 風熱感冒與風寒感冒的不同

| 風熱感冒 | 風寒感冒 |
|---|---|
| 鼻塞、喉嚨疼痛、黃痰、黃鼻涕、疲倦、口渴、發汗、頭痛、身體發冷或發熱 | 疲倦、肌肉疼痛、痰與鼻涕皆清澈稀白，咳嗽、身體發冷或發熱 |
| **散熱・清熱** | **驅寒・散寒** |
| 1. 宜吃辛涼解表及生津食物：綠豆、梨子、薄荷、桑葉、菊花、海帶、白蘿蔔、荸薺、生冷瓜果、豆腐、羅漢果、彭大海、金銀花…等 | 1. 宜吃辛溫解表及溫熱食物：生薑、蔥白、蔥、香菜、韭菜、蒜、胡椒、紫蘇、肉桂、桂枝、豆豉、防風、荊芥、辛夷花、蝦、豬肝、豬肚、白帶魚…等 |
| 2. 宜吃性平及偏涼的豬肉與海鮮 | 2. 宜吃性平及偏涼的豬肉與海鮮 |
| 3. 避免溫熱及滋補類食材：人參、當歸、黃耆、杜仲、雞、牛、羊、蝦、黑麻油、米酒 | 3. 避免寒涼食材及生冷瓜果以及油膩和甜膩的食物 |

【註】各食材屬性請查詢 Chapter1。

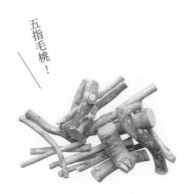

五指毛桃！

煲
湯

夏、長夏

五指毛桃
竹絲雞湯

### Ingredients

材料

烏骨雞（竹絲雞）1 隻（約 600g）

黃玉米 280g

乾螺肉 1 片（約 50g）

五指毛桃 60g

生芡實 50g

百合根 36g

南北杏 35g

水 3000ml

粗鹽 1～1.5 茶匙（約 5～7g，可酌量調整）

**Tools**

使用鍋具　　　4L 以上不鏽鋼湯鍋

（也可用 8 ～ 10L 不鏽鋼深湯鍋，因為煲湯食材份量多，鍋具需要大一點）

**Steps**

做法

1. 洗淨黃玉米後切塊；稍微沖洗乾螺片，泡水 30 分鐘，瀝乾剪成 4 片；生芡實、百合根、南北杏也稍微沖洗，放入小碗泡水 30 分鐘，取出瀝乾。稍微沖洗五指毛桃外層，不需泡水，瀝乾水分。

2. 在水龍頭下將烏骨雞內部清洗乾淨，避免殘留內臟使湯品味道不好，放入深鍋，加入冷水淹過雞肉表面，開小火慢慢加熱至沸騰，且出現浮沫與雞油時關火，在水龍頭下把烏骨雞內外層的浮沫雜質搓洗乾淨，瀝乾水分。

3. 取一個湯鍋，放入所有材料，接著加入 3000ml 的水，加蓋開大火煮滾 10 分鐘，接著轉小火煲 3 小時，中間不開鍋蓋（若使用保溫性佳的土鍋則改為 2.5 小時）。

4. 完成後開蓋，撇去湯水表面的大片雞油與浮沫，分兩次加入粗鹽，加入第一次後，先喝一口湯試試鹹度，再按鹹度喜好調整。

1. 多數廣東人會在感冒時避免吃雞肉與喝雞湯。此外，若想嘗試這款益肺湯品的話，也可改用豬排骨。

2. 五指毛桃益肺，也被俗稱為「南耆」，而被稱為「北耆」的就是我們熟知的「黃耆」了。五指毛桃不是桃，它是粗葉榕的根，也是益肺的煲湯食材，用它煮湯能為湯品帶來一股介於椰奶及牛奶之間的木質香氣，但是湯料是不吃的喔！五指毛桃和豬、雞煮湯都很搭。

# 夏天熱熱喝的清補涼！

　　相較於台灣人只有在寒冷天氣才想喝熱湯的習慣，重視湯水保健的香港人，卻是四季都能喝上幾碗熱湯，尤其在夏天，喝上熱熱的一碗「清補涼」。

　　「清補涼」雖沒有固定的材料組合，但常見的使用材料都是偏向清熱降火、祛濕健脾屬性，搭配其他清熱及去濕屬性的蔬菜、清熱的冬瓜、黃瓜及絲瓜…等，去濕的根莖食材則如蓮藕、葛根…等，再搭配性平或性涼的肉類、適量的健脾材料，煲成一碗的「熱的」消暑湯品。

## 「清補涼」常見組合

|  | 常見組合 1 | 常見組合 2 | 常見組合 3 | 常見組合 4 |
|---|---|---|---|---|
| 湯料 | 芡實、薏米、蓮子、百合、南北杏、淮山 | 芡實、薏米、蓮子、百合、南北杏、淮山、玉竹、南北杏 | 淮山、湘蓮子、芡實、薏米、百合、綠豆、玉竹 | 淮山、湘蓮子、芡實、製芡實、薏米、熟薏米、白扁豆、赤小豆、陳皮 |
| 肉 | 豬瘦肉、豬尾骨、豬筒骨、豬腱、豬腱骨、豬西施骨 | | | |
| 瓜果 | 冬瓜、絲瓜（勝瓜）、大黃瓜、老黃瓜 | | | |
| 根莖蔬菜 | 紅蘿蔔、玉米、粉葛、新鮮淮山（山藥）、牛蒡 | | | |

　　清補涼食材中有一項能作為食養及入藥使用的「赤小豆」，是身形瘦長的紅豆品種，在湯水食養裡，取其性味，而不在於品嚐它的口感。而普遍作為糖水甜品時，使用的則是比較圓胖的紅豆，在煲煮後能吃到紅豆的鬆軟。

　　從現代營養學的角度來看，紅豆澱粉含量高，屬於澱粉豆，同樣是澱粉豆的還有綠豆、花豆、皇帝豆、蠶豆、扁豆、白眉豆、豌豆仁；蔬菜豆則有豌豆莢、甜豆莢、四季豆、豇豆、豇豆、翼豆。而蛋白質高的豆類則是毛豆、黃豆、黑豆。

▲ 圖左至右依序：赤小豆、紅豆、金時紅豆，擺在一起是不是明顯看出分別了？中醫入藥及食養時使用的紅豆，指的都是瘦瘦的赤小豆。

台灣的四神湯可健脾胃以及祛濕氣，同樣也屬於清補涼，但更像清補涼的前身。以中藥四陳——淮山、芡實、蓮子、茯苓，搭配薏仁、豬內臟或排骨煮成，因應台灣氣候，秋冬時會增添當歸酒一起煮。在擅長湯水保健的廣東，會替換其他同樣健脾祛濕屬性的其他食材做變化，演化成沒有固定配方的「清補涼」。若不想煲清補涼，試試台灣四神排骨湯也可以，只需省略當歸酒就可以了，但少了當歸酒的四神湯，總感覺少了一味呢！

煲湯

春夏、四季

清補涼　健脾去濕

| Ingredients | 豬脊椎排骨 400g |
|---|---|
| 材料 | 湘蓮子 3g |
| | 乾燥淮山片 30g |
| | 生薏仁 30g |
| | 白扁豆 20 g |
| | 製芡實 30g（芡實為紅皮白裡，而製芡實的內層會呈現微微半透明） |
| | 陳皮 10 g |
| | 赤小豆 15g（請購買入藥用的瘦長的赤小豆） |
| | 水 2000ml |
| | 粗鹽 1 ～ 1.5 茶匙（約 5 ～ 7g，可酌量調整） |

使用鍋具　　4L 以上不鏽鋼湯鍋
（也可用 8 ～ 10L 不鏽鋼深湯鍋，因為煲湯食材份量多，
鍋具需要大一點）

## 做法

1. 製芡實、白扁豆、湘連子、赤小豆、生薏仁沖洗一下後放入小碗泡水
20 分鐘，瀝乾水分。乾燥淮山片稍微沖水後也瀝乾。

2. 陳皮泡水 30 分鐘，用刀刮去內層白囊、切成細絲，刮去白囊的陳皮
味道才不會發苦。

3. 以不重疊的方式將豬脊椎排骨放在有深度的半底鍋內，加入冷水淹過
表面，開小火加熱到出現小水泡但尚未沸騰時，等排骨表面變白、血
水浮出，且出現浮沫後關火，在水龍頭下把外層浮沫雜質搓洗乾淨，
瀝乾水分。

4. 取一個湯鍋，放入所有材料，接著加入 3000ml 的水，加蓋開大火煮
滾 10 分鐘，接著轉小火煲 2 小時，中間不開鍋蓋（若使用保溫性佳的
土鍋則改為 1.5 小時）。

5. 撇去湯水表面的大片雞油與浮沫，分兩次加入粗鹽，加入第一次後，
先喝一口湯試試鹹度，再按鹹度喜好調整。

# 老黃瓜？
# 黃瓜還有年紀之分嗎？

▶ 一般在台灣菜市場常見
到的翠綠色大黃瓜。

　　在台灣人的日常餐桌食譜裡，以往沒有老黃瓜的存在，只有新鮮翠綠
的大黃瓜湯。

　　我在香港初次見到外皮褐黃乾裂的老黃瓜時，心裡出現 OS：「這個
大黃瓜怎麼乾皺成這樣？」甚至脫口而出「這好老耶…」，當時菜攤老
闆還問：「你不知嗎？這煲湯用的啊！」

　　原來老黃瓜就是大黃瓜，只要在成熟時不要摘下來，繼續讓它成長，
外皮就會從綠色變成外觀帶有裂痕感的土黃色皺皮，待這時才會摘下販
售。老黃瓜同樣也有清熱降火的屬性，但在風味上，除了大黃瓜原有的
清香之外，老黃瓜還多了一點酸味的層次，清爽開胃！

　　入湯料理之前，強烈建議必須刮除瓜囊，才能品嚐到瓜肉剛剛好的微
酸，否則老黃瓜的瓜囊帶有強烈酸味，恐怕可不是每個人都能接受的啊！

## 老黃瓜

讓大黃瓜繼續成長，外皮就
會從原本的翠綠色變成外觀
帶有裂痕感的土黃色皺皮！

◀老黃瓜有著粗糙外
　皮與剖面。

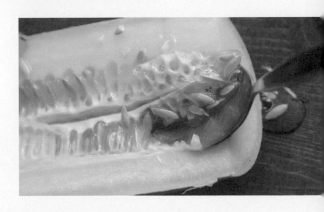

▶刮除老黃瓜的瓜囊，就能品嚐
　到瓜肉剛剛好的微酸，因為
　保留瓜囊的老黃瓜會有強烈
　酸味。

煲湯

夏、長夏

# 老黃瓜去濕湯

| Ingredients 材料 |
| --- |

帶肉豬筒骨 850g（可換豬腱骨）

老黃瓜 1150g（去瓜瓢前）

胖醜紅蘿蔔 370g

黃玉米 260g

白扁豆 25g

赤小豆 15g

蜜棗 2 個

水 2500ml

粗鹽 1 茶匙（約 5 ～ 7g，可酌量調整）

使用鍋具　　4L 以上不鏽鋼湯鍋
（也可用 8～10L 不鏽鋼深湯鍋，因為煲湯食材份量多，
鍋具需要大一點）

Steps

做法

1. 白扁豆、赤小豆沖洗一下後放入小碗，泡水 20 分鐘後瀝乾水分。

2. 黃玉米洗淨切塊；紅蘿蔔削皮切滾刀塊；老黃瓜外層洗淨後不削皮，
   徹底刮去會帶酸味的瓜瓤後，切成大塊。

3. 豬筒骨放鍋內，加入冷水淹過表面，開小火加熱到沸騰 1 分鐘後關火，
   在水龍頭下搓洗浮沫雜質再瀝乾水分。

4. 取一個湯鍋，放入所有材料，接著加入 2500ml 的水，加蓋開大火煮
   滾，接著轉小火煲 2 小時，中間不開鍋蓋（若使用保溫性佳的土鍋則
   改為 1.5 小時）。

5. 完成後開蓋，分兩次加入粗鹽，加入第一次後，先喝一口湯試試鹹度，
   再按鹹度喜好調整。

# 苦瓜？涼瓜？
# 原來都是苦瓜！

　　在香港也有苦瓜，但當地人稱為「涼瓜」，在廣東地區還有特別的苦瓜品種「油苦瓜」及「雷公鑿苦瓜」，都常見於港式湯品中。苦瓜之所以被稱為涼瓜，原因與品種無關，是粵語（廣東話）的語言文化裡使用其他詞彙代替負面用詞的雅稱文化。

　　香港的雅稱文化不只在食材名稱上，日常生活裡也很常見。比方空著等人租的空屋叫做吉屋、吉舖；建築物樓層會避開諧音「死」的樓層 4；不想輸或死，而把絲瓜稱為「勝瓜」；想避免窮困吃苦的辛勞人生，於是苦瓜便順著寒涼屬性，改叫成涼瓜了。

　　同樣都是苦瓜排骨湯，在各地卻有不同演繹。在聚集客家人的廣東梅州，有使用苦瓜、薑片及排骨的清淡版本，亦有添加客家福菜（覆菜）的鹹酸風味；在潮州苦瓜湯則添加黃豆，並使用包心芥菜製成的鹹菜，以增加酸鹹風味；在馬來西亞的客家人飲食，亦有豬骨湯底的苦瓜排骨湯及苦瓜內臟湯；台式苦瓜湯除了使用白玉苦瓜，也有增加酸鹹風味的蔭鳳梨苦瓜湯；而港式苦瓜湯，使用雷公鑿苦瓜與油苦瓜之外，還有偏向潮州風格的黃豆鹹菜苦瓜湯，也有添加了更滋補的食材，以更長時間燉煮成苦瓜響螺燉湯。

## 苦瓜小圖鑑

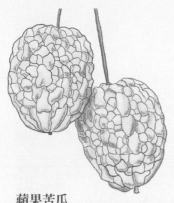

### 白玉苦瓜

顏色潔白如玉，適合熱炒、醃漬及煮湯及蔬菜果汁。

### 蘋果苦瓜

身形圓短的白色苦瓜，適合清炒、涼拌以及打成蔬菜果汁。

### 雷公鑿苦瓜（左）、油苦瓜（右）

雷公鑿苦瓜常見於港式湯品及料理使用，顏色深綠，造型就像大槌子，紋路深、苦味重，適合煲湯、滾湯。油苦瓜皮是青綠色，凹凸紋路不明顯，適合煮湯、燜燉、打成蔬果汁。

### 粉青苦瓜

接近白淺粉綠、凹凸紋路清晰的適合涼拌；帶蘋果綠、凹凸紋路清晰的則適合煮湯、燜燉、打成蔬果汁。

### 黑苦瓜（左）、山苦瓜（右）

黑苦瓜的顏色比山苦瓜更深綠色，凹凸紋路尖銳鮮明，適合快炒、涼拌、曬乾沖茶。

煲湯

夏、長夏

涼瓜鹹菜黃豆排骨湯

### Ingredients

材料

豬腱骨 800g（請肉販剁成大塊）

雷公鑿苦瓜 750g

鹹菜 380g

黃豆 20g

眉豆 20g（白豇豆、飯豆、米豆、黑眼豆）

水 3000ml

**Tools**

使用鍋具　　4L 以上不鏽鋼湯鍋
　　　　　　（也可用 8 ～ 10L 不鏽鋼深湯鍋，因為煲湯食材份量多，
　　　　　　鍋具需要大一點）

**Steps**

做法

1. 眉豆、黃豆沖洗一下後放入小碗，泡水 20 分鐘，瀝乾水分。

2. 雷公鑿苦瓜對切後，切去蒂頭，用金屬湯匙刮去瓜瓤後，切成 4 ～ 5cm 大塊。

3. 將鹹菜一片片掰開，在水龍頭下洗淨後，不需泡水，去掉底部切成 5cm 左右的大片。

4. 豬䐑骨放鍋內，加入冷水淹過表面，開小火加熱到沸騰 1 分鐘後關火，在水龍頭下搓洗浮沫雜質再瀝乾水分。

5. 取一個湯鍋，放入做法 4 的豬䐑骨和其他所有材料，接著加入 3000ml 的水，加蓋開大火煮滾，接著轉小火煲 1.5 小時，中間不開鍋蓋（若使用保溫性佳的土鍋則改為 1 小時）。

6. 完成後開蓋，撇去湯水表面的油，此時鹹菜鹹味已釋放入湯內，不必再加鹽。若每次購買的鹹菜鹹度不同，可先喝一口湯，再決定是否添加少許鹽。

# 陳皮，
# 不只是曬乾的橘子皮

　　在香港購買陳皮時，總會聽見商家說著陳皮的真與假，必須使用已經熟透並呈現橘紅色的新會柑橘果皮，開成 3 瓣取下果皮後，經日曬乾燥保存 3 年以下呈現暖棕色的叫「果皮」，保存 3 年以上呈現深咖啡色稱為「陳皮」，是許多商家強調可以入藥且功效好的等級。

| 青皮 | 果皮 | 陳皮 |
|---|---|---|
| 若用未成熟的綠色果皮曬乾製成並呈現墨綠色的，稱為「青皮」。青皮無論保存多少年，還是無法被稱為陳皮，而是被稱為「老青皮」，相對地價格也經濟實惠很多。 | 熟透的橘紅色新會柑橘果皮，開成 3 瓣取下果皮後，經日曬乾燥後保存。保存 3 年以下呈現暖棕色的叫做「果皮」。 | 保存 3 年以上呈現深咖啡色的稱為「陳皮」，是許多商家強調可以入藥且功效好的等級。 |

### 越陳越貴的陳皮

陳皮的價錢，也會隨著保存年份逐年增長，越陳越貴啊！

逐年漲價似乎已經成了陳皮市場的固定規則，高年份的價位也十分驚人，所以也有許多人會一次購買大量陳皮來收藏，逐年變陳，反正年年自用。正因為價格的落差程度高，也難免會有「偽陳皮」會出現，像是在曝曬過程中偷偷浸泡茶液去加深色澤，藉此偽裝成陳年的陳皮。

後來，也有人制定了許多從外觀上能判定的標準給消費者參考，像是透光時觀察柑橘果皮油囊的透光及分佈、內外層的色澤與紋路、香氣的底蘊，甚至附上柑橘農場的檢驗書…等。所以大部分買陳皮的人，不會因為貪便宜就隨便挑向沒口碑的商家或非專賣店的店家購買。

至於是陳皮好還是青皮好？青皮真的破氣嗎？陳皮真的不能去白嗎？其實已有註冊中醫博士崔紹漢[1]也曾在出版中陳皮不可去白的謬誤，是因為在口耳相傳時被斷章取義，完整的一句話應是：「陳皮留白為守，去白為攻，陳皮守，青皮破」，因此才有了「青皮破氣」的錯誤說法。

真心推薦對熱衷食養的人，都可以閱讀崔博士的著作《中醫謬誤解碼》與《漫畫中醫・拆解藥食謬誤》，他以資深專業的中醫博士角度去詳細解釋香港生活中常聽見的中醫藥食謬誤。

【註】
1. 崔紹漢博士為香港中大臨床生化博士、浸信會大學中醫學博士。擁有香港學術資格及英國生物醫療領域的化學士與特許科學家。

**烹調陳皮前的注意**

青皮行氣方式強，但不至於「破」，陳皮行氣的方式舒緩，但刮白後也會變成行氣強烈。

回歸食養常說的「因人制宜」，得看體質去做變化，若是想達到舒緩的行氣效果或者給體弱長者食用時，我在處理陳皮時才會避免刮白。若從料理的角度來看，陳皮內層白皮的苦味其實並不討喜，若不刮白就入菜入湯不是所有人都喜歡，所以大部分時候，我都會刮白，只取陳皮它那豐韻有層次的香氣。

不刮白的陳皮，會使料理或湯水發苦，這該怎麼解？建議你，可以改用 10 年以上的陳年陳皮，因為夠陳的陳皮白囊的苦味消散轉向甘醇，夠陳的陳皮留白入菜時仍舊美味，只不過但年份高的陳皮價格難以捉模，代價就是「越陳越貴」！

## 購買陳皮後的烹調前處理

### 泡水前的乾陳皮

此為泡水前的陳皮,需要
泡水並刮去白皮後使用。

### 陳皮泡水變軟

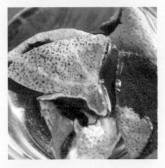

陳皮泡水後,內層的白皮
變得柔軟,能輕易地刮除
白皮。

### 刮去內層白皮

刮除內層白皮後的樣子。

### 刮白後的陳皮

白皮都刮除後,仍能留下
陳皮豐韻有層次的香氣。

# 薑是老的辣，
# 但薑皮卻是涼的！

常有以「薑是老的辣」這句話，來形容閱歷豐富的人在凡事應對上特別辣手高明。而「薑是老的辣」的由來是出自於《宋史・晏敦復傳》。

在北宋時出生的南宋詩人──晏敦復，秦檜暗中派人想游說他支持金朝與宋朝議合：「公能曲從，兩地且夕可至」，你能屈從支持議和，日後想當高官厚祿就讓你選一個來做。性格剛直又敢於直言的晏敦復，拒絕並說了這句「吾終不為身計誤國，況吾薑桂之性，到老愈辣，請勿言」。

晏敦復以老薑和肉桂來比喻自己的性格，倒也十分有趣。老薑種植的時間長，外皮因為老化變得厚又堅硬，水分也逐漸變少，但辣味卻是薑裡最重、驅寒溫熱也是薑裡最烈，更是中醫入藥時的選擇。看來，老薑果然是很厲害呢！

大家可以參考下一頁「薑的食養屬性」來了解生薑、生薑皮、生薑汁這三者不同的屬性；以及透過「各種薑的小圖鑑」來認識子薑、肉薑、老薑、煨薑、乾薑、炮薑，它們的屬性和烹調用法也不太一樣喔！

## 薑的食養屬性

### 生薑

**味辛，性溫**

走而不守，升溫最好。發汗解表，溫中
止嘔，發汗去薑皮，溫熱不去皮。

### 生薑皮

**味辛，性涼**

有別於生薑性溫的屬性，生薑皮性涼，
具有去濕、消水腫的作用。

### 生薑汁

**味辛，性溫**

把生薑打成汁能散胃寒、止嘔，以及可以
促進食欲。

## 各種薑的小圖鑑

### 子薑／紫薑／嫩薑

外皮薄呈米白色，尾端帶紫紅色，纖維細緻辣度低，
生食、入菜、涼拌醃漬皆宜，嫩薑入胃且祛濕佳。

### 肉薑／粉薑／中薑／生薑

肉薑體型肥大，外皮呈現卡其色，薑肉肥厚飽
滿多汁，辣度居中，去皮或帶皮使用皆宜，入
菜及煮湯、涼拌、打汁…等。

### 老薑／薑母

外皮呈現土黃色且紋路明顯，皮厚且粗燥，薑肉的
汁液最少，纖維最粗，辣度最高，驅寒效果強，適
合長時間燉煮及煮湯。

### 煨薑

**味，性辛溫**

生薑切片煨熟，比生薑更不散，但不如
乾薑燥，能溫腸胃之寒。

### 乾薑

**味辛，性偏熱燥**

生薑切片烘乾，守而不走理血止痛，溫中散寒。

### 炮薑

**味辛，性溫**

乾薑炒黑為炮薑，走裏不走表，止痛、止血、止洩。

煲湯

春夏、長夏

# 陳皮薑皮冬瓜水鴨湯

Ingredients

## 材料

| | |
|---|---|
| 水鴨 970g | 生薏仁 半碗 |
| 豬腱 200g | 生薑皮 5g |
| 冬瓜 920g | 水 3000ml |
| 陳皮 10g | 粗鹽 1 ～ 1.5 茶匙 |
| 熟薏仁 1 碗 | （約 5 ～ 7g，可酌量調整） |

▲ 在香港很容易買到生、熟兩種薏仁（港稱薏米）。熟薏仁是加工炮製過的爆薏仁，
質地像爆米香一樣蓬鬆又輕。生、熟薏仁都有助於利水祛濕，生薏仁性寒，適合體
質濕熱者，但虛寒體質者要少吃生薏仁；爆過的熟薏仁性平，適合普羅大眾。你可
因應體質適當調整生熟薏米的比例。

Tools

使用鍋具     3 ～ 4L 不鏽鋼湯鍋
（也可用 8 ～ 10L 不鏽鋼深湯鍋，因為煲湯食材份量多，
鍋具需要大一點）

Steps

做法

1.  沖洗一下生薏仁並放入小碗，泡水 20 分鐘後瀝乾水分。稍微檢查熟薏
    仁是否有雜質，無需沖洗。

2.  陳皮泡水 30 分鐘後取出，用刀刮去內層白皮，切成細絲，刮去白囊
    的陳皮味道不發苦，但藥性稍減。

3.  洗淨冬瓜，切去瓜瓤後，帶皮切成 4 ～ 5cm 大塊（因為是長時間煲煮，
    若去皮的話，冬瓜易碎，若仍想削皮也可）。

4.  豬腱放入鍋內，加入冷水淹過表面，開小火加熱到沸騰 1 分鐘後關火，
    在水龍頭下搓洗浮沫雜質再瀝乾水分，切成大塊。

5.  水鴨切塊後放入鍋內，加入冷水淹過表面，開小火加熱到即將沸騰即
    關火，在水龍頭下搓洗浮沫雜質再瀝乾水分。

6.  取一個湯鍋，放入所有材料，接著加入 3000ml 的水，加蓋開大火煮
    滾，接著轉小火煲 1.5 小時，中間不開鍋蓋（若使用保溫性佳的土鍋則
    改為 1 小時）。

7.  撇去湯水表面的大片油與浮沫，分兩次加入粗鹽，加入第一次後，先
    喝一口湯試試鹹度，再按鹹度喜好調整。

# 港式糖水的用糖講究

「甜湯」在廣東嶺南地區稱為「糖水」，會以各種食材加入糖與大量的水煮成的甜品，也會結合廣東人的季節湯水保健觀念，使用許多因應季節養生的當季食材，做成料多滑潤的清澈糖水，或是厚重濃稠的糊狀或沙狀糖水。

在香港，大部分人都說「食糖水」，而不是「飲糖水」，為什麼用「食」不是「飲」？曾經聽過兩種原因：

第一種說法來自中文系的廣東朋友，他告訴我是因為港式糖水用料多，嚴格來說是甜品，不是飲品，所以在動詞的使用上不使用「飲」，得使用廣東話的「食」，得說「食糖水」。

第二種說法來自民間早期的玩笑話：「要說食糖水，飲糖水有另外一個意思，開房啊！」後來一位長輩告訴我「飲糖水」是很早以前的笑話了，80 年代情色行業轉型為高檔夜總會後，推動了很多九龍塘的酒店「鐘點房間」生意，所以便有「飲糖水」及「九龍塘飲糖水」以暗示不可直說的事，現在沒人這樣說了。況且香港地狹人稠，夫妻、孩子、長輩及外籍傭人同住一個屋簷下，必然有隱私顧慮，夫妻情侶想要享受兩人世界，也會挑選優質酒店隔夜留宿當作渡假，這可不叫飲糖水啊！

## 常見的港式糖水

### 臭草海帶綠豆沙

臭草海帶綠豆沙是把綠豆煮到湯水變得沙沙且混濁的程度，再加上臭草、芸香、陳皮，有時還放海帶。

### 薑汁撞奶

薑汁撞奶的材料很簡單，但製作不易成功，需要控制好溫度，它是香港非常經典的傳統甜品之一。

### 陳皮桂圓蓮子紅豆沙

在香港的紅豆沙，會放入陳皮、桂圓、蓮子，整體喝起來的感覺非常綿密細滑好入口。

### 桑寄生蓮子蛋茶

浸泡在桑寄生茶湯裡的水煮蛋變成了咖啡色，總讓我想到滷到入味的台式鹹蛋，但它可是甜品喔！

# 港式糖水用糖小圖鑑

### 甘蔗與蔗汁

甘蔗可以加水煲煮成美味的飲品或榨汁，具有退火作用。

### 片糖

淺褐色片狀的片糖是廣東常用的特色糖品，蔗糖風味比砂糖濃。

### 黑糖／紅糖

沒有精煉過的深褐色糖粉，風味濃郁，在食養觀念中是扮演補中益氣及補脾胃的角色。

## 黃冰糖 / 紅冰糖

比起白冰糖，黃冰糖（在台灣又稱紅冰
糖）有著多一些的蔗糖風味，在香港很難
買到也較少使用脫色過的白冰糖。

## 黃砂糖

砂礫狀的蔗糖，黃砂糖在台灣又稱為二砂
（二號砂糖）。

## 港式黃糖粉

香港有一款以色素染上橘黃色的砂糖粉，
通常出現在豆花攤，撒在豆花上混合食
用。

# 海帶加綠豆的甜品，原來這麼美味！

　　廣東人和台灣人對綠豆湯的的口感偏好非常不同，在台灣最美味的綠豆煮法，是綠豆外表保持完整，能見到一粒粒綠豆、表面只有稍微裂開的樣了，看似完整但內層鬆軟，不再額外添加其他材料，湯水還會有半清澈的淺綠色，重點在於品嚐到綠豆香與蔗糖的完美甜度比例。

　　而廣東人追求的綠豆湯則是要煮爆綠豆直到湯水有沙的混濁程度，再加上俗稱「臭草」的芸香還有陳皮，有時因為季節還會再添加海帶。沒錯，海帶也可以煮甜甜的綠豆湯，許多台灣人第一次聽到都會嚇到的！可是我告訴你真的很好吃，尤其加了臭草的綠豆湯，會上癮啊！！

## 港式海帶綠豆湯的材料組成

### 綠豆

**味甘，性寒**

清熱解毒，消暑利腫脹，但脾胃虛寒的
人別吃太多喔。

### 芸香／臭草

**味辛微苦，性涼**

歸肝、脾、肺、胃經，清熱解毒。

### 海帶

**味鹹，性寒**

歸肝、腎經利水消腫，清熱，清痰助消化。

### 陳皮

**味辛苦，性溫**

歸脾、肺經，理氣健脾，去濕。

### 片糖

港式糖水經常使用片糖與蔗糖，當然綠
豆沙也不例外。

糖
水

夏 · 長夏

# 綠豆沙　臭草海帶

Ingredients

材料

薄海帶 40g

芸香（臭草）7g

綠豆 半斤

陳皮 1 瓣

水 2500ml

片糖 1 片半（若買不到片糖，可改為黃冰糖）

**Tools**

使用鍋具　　4L 以上不鏽鋼湯鍋

**Steps**

做法

1. 陳皮泡水 30 分鐘取出，用刀刮去內層白囊，切成細絲；芸香摘去粗梗切成 3cm 小段。

2. 洗淨薄海帶，泡水 30 分鐘變軟，在水龍頭下搓到外層減少滑膩感，切成 3cm 菱形片。

3. 洗淨綠豆，泡水 30 分鐘，瀝乾水分。

4. 將所有材料（除了片糖）放入鍋內，加入 2500ml 的水加蓋煮 1.5 小時，開蓋後加入片糖攪拌至融化，品嚐時，冷熱皆宜。

# 一個食材三種名稱？
# 冬瓜糖、糖冬瓜、冬瓜丁

這個食材在香港、潮州及台灣都有販售，雖然是同樣的甜零食卻有著不同的名稱。

在冬瓜盛產時，是把冬瓜切片或切條後再加入糖做成的冬瓜蜜餞乾後就能保存的一款甜零食，它在台灣被稱「冬瓜糖」、在香港稱「糖冬瓜」、在潮汕地區稱條狀的糖東花為「冬瓜丁」，薄片狀帶皮的稱為「冬瓜冊」。

冬瓜糖在台灣經常作為傳統訂婚習俗禮的「四色糖」與「六色糖」的其中之一，冬瓜糖象徵的則是吃冬瓜中頭魁，它曾經是長輩們的兒時零食，但在今日已在日常生活裡越來越少食用，只成為禮俗食品的存在了。

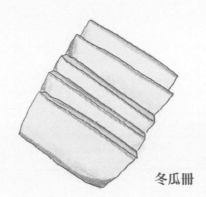

冬瓜冊

　　這個食材早期在廣東及潮汕地區，曾經是長輩們的蜜餞零食，隨著物資豐盛，雖已不在零食排行榜上，但仍是 ‧款可以作為作為清熱消暑的湯水材料，把清熱消暑屬性的糖冬瓜視為「風味糖」來使用，搭配其他材料，就能煮成不同風味的糖水及涼茶。

**一杯與一樽？港式飲品的測量單位**

　　在香港餐廳點飲品涼茶時，會見到一杯或一樽的單位，「樽」是什麼意思？樽是古字，在古代指的是盛裝酒的器皿。這個字在與酒有關的古典詩詞裏也出現過，像是李白《將進酒》寫到「人生得意須盡歡，莫使金樽空對月」，以及蘇軾《念奴嬌‧赤壁懷古》寫到「人間如夢，一樽還酹江月」。

　　但到了現代，在廣東話裡，樽的使用已不限於酒的器皿，並且延續在生活中使用，一樽（yat1 jeun1）指的就是一瓶，無論是一瓶水、一壺涼茶、一瓶酒或一壺酒，在廣東話裡一律使用「樽」這個字作為單位。

夏、長夏

# 薏米糖冬瓜玉米鬚茶

## Ingredients

材料

新鮮玉米鬚 50g

糖冬瓜 1 碗（約 270g）

熟薏仁 1 碗

生薏仁 半碗

水 3000ml

## Tools

使用鍋具　　　4L 以上不鏽鋼湯鍋

## Steps

做法

1. 熟薏仁稍微沖水瀝乾，生薏仁沖洗後泡水 30 分鐘，新鮮玉米鬚洗淨後瀝乾水分；用手將糖冬瓜掰成 3cm 小段。

2. 所有材料放鍋內，加入 3000ml 的水，加蓋煮 2 小時，開蓋後試試甜度，糖冬瓜已有淡淡甜味和香氣，想喝甜的話，可按喜好額外增加砂糖，調整甜度。

3. 過濾材料後，將茶飲裝罐，放入冰箱冷藏。品嚐時，冷熱皆宜。

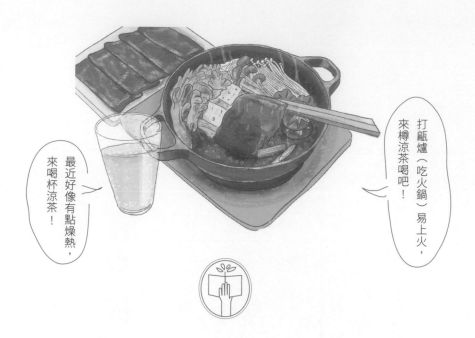

# 不一定只用草藥的各種涼茶

　　以往在台灣，會使用不同食養特性的乾燥青草藥，混合搭配煲煮成的茶，一般都統稱為「青草茶」。

　　在廣東飲食系統裡也有青草茶的概念，一般會統稱為「涼茶」，且港式涼茶的成分組成更加多元化，不只是青草藥，有時會使用有清熱食養屬性的其他蔬果再搭配草藥。像是使用甘蔗、馬蹄（荸薺）和茅根一起煮成生津退火且香甜的「竹蔗茅根茶」、「羅漢果茶」、秋季潤肺清熱的「雪梨菊花茶」、清熱解毒的「二十四味茶（苦味不輸台灣的苦茶）」，以及祛濕茶、感冒茶、幫助潤腸的「火麻仁茶」、「五花茶」，還有在炎熱夏天有強烈清熱效果的「夏枯草」與「雞骨草茶」。

夏、長夏

馬蹄茶　甘蔗茅根

**Ingredients**

材料

切段的帶皮綠甘蔗 2 根

茅根 2 把（在台灣可至青草店購買）

紅蘿蔔 1/2 根（可不加）

荸薺 10 粒

水 5000ml

冰糖 適量（按甜度喜好增加，想喝微甜可不加糖）

**Tools**

使用鍋具　　　8 ～ 10L 不鏽鋼深湯鍋

**Steps**

做法

1. 將竹蔗表面刷乾淨，洗淨茅根、紅蘿蔔、荸薺後瀝乾水分；荸薺削皮、半根紅蘿蔔削皮切塊。不喜歡紅蘿蔔的話可省略不放，但甘甜的層次會稍稍減少。

2. 取一個深湯鍋，加 5000ml 的水煮滾後倒入所有材料，轉中火煮 90 分鐘，按甜度喜好增加冰糖。

3. 過濾材料後，將茶飲裝罐，放入冰箱冷藏。品嚐時，冷熱皆宜。

甘蔗削皮後的味道更易出，荸薺和甘蔗本身都有一點點微甜和香氣，加一點糖會更好喝；有時我只想喝食材本身的味道，便完全不加糖。煲涼茶的甘蔗和茅根都不吃，唯獨荸薺脆脆的很爽口，我會留下。

春夏、長夏

# 夏枯草黑豆茶

### 夏枯草

台灣也有夏枯草，但使用的是乾燥的全株，而在香港使用的是夏枯草的果穗。

### 雞骨草

雞骨草味道微苦，清熱利濕，由於寒性強烈，體質寒涼以及生理期間的女性避免飲用喔。

## Ingredients

### 材料

| | |
|---|---|
| 夏枯草 30g | 水 3000ml |
| 黑豆 1 碗 | 片糖 1 片半（可省略） |
| 甘草 3g | |

## Tools

**使用鍋具**　8 ～ 10L 不鏽鋼深湯鍋（較有空間，因夏枯草煮過後會稍微膨脹）

## Steps

### 做法

1. 夏枯草放入大盆中，用水清洗數次去除沙塵，瀝乾水分。

2. 稍微沖洗黑豆表面後瀝乾，放入炒鍋內乾炒，持續拌炒 10 分鐘。

3. 所有材料放入深湯鍋內，加入 3000ml 的水，加蓋煮 40 分鐘後，通常我不加糖，想喝甜的話可自行加入片糖。

4. 過濾材料後，將茶飲裝罐，放入冰箱冷藏。品嚐時，冷熱皆宜。

話你知　此涼茶疏肝明目，清熱也益腎，但體質虛寒、陰虛、手腳長期冰冷或正在
生理期的女性請盡量避免飲用。

# 羅漢果－天然的代糖

三種不同狀態的羅漢果

羅漢果的甜味來自天然的甘露醇，是好用的料理代糖材料，沖泡或入煲湯皆可。

新鮮的羅漢果呈現綠色，極度寒涼，所以有人喝了就會拉肚子，因此中醫食養的範圍通常不建議使用新鮮羅漢果，若非得使用，得加入大量的薑並煲成湯，不能直接沖泡為茶。

金色羅漢果是近年開始出現的，因為技術的發達，以低溫冷凍乾燥的方式將綠色羅漢果乾燥成金黃色外表，金色羅漢果的風味與跟新鮮羅漢果接近，嚐起來味道比較清甜，可沖茶或入湯，湯水呈現淺黃色。

深色羅漢果就是中藥行賣的，很傳統的那種，以加熱方式烘烤完成，風味有較多層次，帶有淡淡的焦糖香，可沖茶或入湯，因為湯色會是深茶色，所以也適合拿來煮深色的湯。

我之前常在香港的一間傳統中藥店購買傳統烘製的羅漢果，老闆在挑羅漢果時，會將它輕輕扔到桌面，為讓羅漢果像球一樣掉到桌面上，去聽它的聲音和觀察它的彈跳感，這是確定羅漢果品質的方式。如果真的

聽不出來，你可以拿著一顆羅漢果搖一搖，如果裡面會晃動，就不是那麼好。中藥行老闆說：「其實就是烘烤及保存的品質稍微差一點，但還是可以用啦」。

　　我很喜歡那家中藥行，中藥行老闆真的很可愛，因為他總是遷就我用雙聲帶解釋給我聽。我也很搞笑，會刻意每次少買一點，但經常去買，每次買都要老闆表演如何挑羅漢果，每次我也跟著聽，只是我還沒學會分辨羅漢果的彈跳聲之前，那間中藥行就關店轉型成其他店了。後來我改成去離家更近的大型連鎖中藥材行購買，品質當然也好，只是，就是想念情感內藏的香港人，只對熟人才會展露的「情」了。

**金色羅漢果茶（左）、傳統羅漢果茶（右）**

用兩種不同加工方式製作的羅漢果，沖出來的茶湯色澤也不一樣。金色羅漢果以低溫冷凍乾燥，嚐起來味道比較清甜，但少了傳統羅漢果的濃郁香氣，可沖茶或入湯，湯水呈現淺黃色。

而傳統羅漢果則以加熱方式烘烤，風味有較多層次，帶有淡淡的焦糖香，可沖茶或入湯，因為湯色是深茶色，所以也適合拿來煮深色的湯。

涼茶

春　夏

羅漢果茶

**Ingredients**

材料

棕色的傳統羅漢果 1 顆（味道較醇香）

麥冬 15g

水 3000ml

**Tools**

使用鍋具　　4L 以上不鏽鋼湯鍋

**Steps**

做法

1. 沖乾淨羅漢果表面，敲破半之後和麥冬一起放鍋中，倒入 3000ml 的水，加蓋煲 45 分鐘，無需加糖，羅漢果含羅漢果甜苷，本身就含有甜味。

2. 煮好後一定要開鍋蓋，放到微溫時即可裝瓶放入冰箱，裝瓶前先拿掉羅漢果。冷熱飲皆可，清熱潤喉。

 生理期或體質虛寒的女生盡量減少或避免食用羅漢果。

# CHAPTER 4

# 秋冬時節的港式湯水

# 秋收・冬藏
# 湯水食養方向

　　告別陽氣旺盛的夏天，來到萬物逐漸凋零的秋季，身體能量也會開始收斂，秋季食養的重點是避免秋燥，著重潤肺及養肝，在冬天來臨之前好好地進補，注重溫補及固腎，此時節的日常作息也都要調整，因為秋冬養生如果做得好，就是為來年的健康打好基礎。

## ─秋季─

多酸味、少辣
潤肺，養陰．健護脾胃．

　　防秋燥，宜多吃滋潤及白色食物。潤肺同時也適當養肝，為避免肺氣太旺而影響到肝臟（請見圖表：五行相生相忌）。在秋季的時節，除了潤肺及養陰，同時也可適量補充有收斂特質的酸味食物；少食辛辣食物，因為有發散特質的辛味食物容易造成口乾舌燥、皮膚乾燥或上火。

- **養陰清燥的滋潤食物**：銀耳、白蘿蔔、百合、山藥、蓮藕、荸薺、椰子、雪梨⋯等白色食材
- **滋潤生津的食物**：豆腐、蜂蜜、甘蔗
- **收斂苦澀的酸味食物**：山楂、柚子、柑橘、柳橙、番茄、葡萄、檸檬
- **健護脾胃及滋潤養陰的乾貨及藥材**

## —冬季—

固腎‧養陰‧健護脾胃，
少鹹味、多苦味

冬季宜固腎護心，避免吃瓜果類食物，因為在冬天的時節，容易腎經旺盛，若腎水過旺會使得心氣虛弱（請見圖表：五行相生相忌），因此可吃溫熱屬性及陽性食材幫助腎藏精氣，減少鹹味和味屬鹹的海鮮食材，以避免腎經過於旺盛，也可適當吃苦味食物助長心陽，滋養心氣來達到陰陽平衡。

- **黑色食材**：黑木耳、黑豆、黑芝麻、黑棗、紫米、海參、香菇、海帶、黑桑椹
- **養腎食材**：黑豆、黃豆、豆腐、核桃、栗子、香菜
- **溫熱屬性的食材**：雞肉、烏雞、羊肉、牛肉、洋蔥、蔥、薑、蒜
- **入心的苦味食材**：銀杏、苦瓜、芹菜、芥蘭、羽衣甘藍
- **健護脾胃及進補類的溫補乾貨及藥材**

## —四季—

養脾胃

以中醫養生的角度來看，脾胃是先天之本，無論四季的食養方向如何，養護脾胃都要同時進行。

忌 ---→　生 —→

# 多用途的夢幻食材－
# 夜香花

在香港生活對我而言最有趣的事情，便是走訪在地的傳統菜市場時，發現充滿季節性的隱藏版食材，香港在夏秋尾端的時節，會出現的夜香花便是其一。找到當地不同食材和飲食文化差異是很有意思的，好比使用夜香花入菜及入湯，也是自己到了香港生活一段時間後才知道的；後來也才知道，這種花在台灣就叫做「夜來香」。

夜香花並非昂貴食材，價格十分平易近人，產季主要從春季到夏末初秋時期，之所以認為它是夢幻食材，是因為它出現在市場的時間非常短暫，每年 8 月底至 10 月初才會在市場裡販售。我通常會提醒自己把握它在市場上出現的時機，至少在中秋節之前買個幾次，因為一旦錯過，就是明年。

### 名為花卻無花香的草味植物

夜香花（學名：Telosma cordata）入菜使用時，通常是未開花前的淺綠色花苞，味道清淡，完全沒有嚇人的花香，按它的風味來形容的話，說是「菜味」也不為過，咀嚼時會稍稍感受到微妙的草味氣息，若煮久了味道則容易消失，因此用它入菜時，適合製作味道甘甜清淡的料理。

　　我曾用過它煎蛋，也嘗試做成偏日式的油炸蔬菜天婦羅，但覺得最適合的還是煮冬瓜滾湯了。無論是冬瓜肉片湯、冬瓜蛤蜊湯，湯品完成最後加入洗淨的夜香花燙熟，原本的淺綠色變得更清脆，就像是在湯裡添加了蔬菜一樣。

　　在香港的傳統市場買菜，時間久了，有趣的事就累積得多。知道哪一家店熱於分享，也會知道哪一家店擅長賣哪類食材，還會發現某些菜市場老闆其實是飽讀詩書的隱藏食材達人。時間久了，再怎麼樣陌生的人，都會建立起那麼一點對彼此的熟悉，也可算是美好又夢幻的際遇了！

**新鮮的夜香花**

未開花前的花苞是淺綠色的，味道清淡，按它的風味來形容的話，比較像是「菜味」，咀嚼時會稍稍感受到微妙的草味氣息，

滾
湯

長夏、初秋

# 夜香花冬瓜排骨湯

夜香花！

## Ingredients

材料

冬瓜 450g

夜香花 135g

豬腩排骨 300g（五花排、子排）

薑 12g

水 3000ml

粗鹽 1～1.5 茶匙（約 5～7.5g，可酌量調整）

【註】
也可改用西施排骨或豬腱骨，這兩種肉質即使經過長時間煲煮仍美味可口！特別適合喜歡吃湯料的你。

使用鍋具　　　4L 不鏽鋼湯鍋（也可使用 8～10L 不鏽鋼深湯鍋）

Steps

做法

1. 刷乾淨冬瓜外皮，挖去瓜瓢之後，帶皮切成 5cm 的大厚塊；薑切片；
   夜香花放入水中撥動清洗兩次後瀝乾水分。

2. 排骨放入鍋內，加入冷水淹過表面，開小火加熱到出現小氣泡，在將
   要沸騰時後關火，將排骨移到水龍頭下，搓洗浮沫雜質再瀝乾水分。

3. 取 一個湯鍋，放入排骨、冬瓜、薑片，接著倒入 3000ml 的水，加蓋
   開大火煮滾後，轉小火煲 2.5 小時，中間不開鍋蓋，若使用保溫性佳
   的土鍋則改為 1.5 小時。如此煮出來的冬瓜會是軟綿的，而留著的冬
   瓜皮是為了有更好的利水功效，更能避免冬瓜整塊散掉。若是喜歡冬
   瓜保有扎實口感的朋友，請將冬瓜改為後放，並在加蓋煲煮 1.5 小時
   後再放入冬瓜。

4. 完成後開蓋，分兩次加入粗鹽，加入第一次後喝一口湯試試鹹度，再
   按個人喜好酌量調整鹹度。接著撇掉湯水表面大片的排骨油脂。建議
   開大火讓湯沸騰後，會更容易用湯勺撇去大片油。

5. 最後把夜香花加入湯內，稍微翻動至軟且變綠時，即刻關火，完成！

1. 在香港煮冬瓜湯時，經常不會削去冬瓜皮，這是因為在中醫食
   養觀念中，冬瓜皮的清熱利水屬性更勝過冬瓜果肉，清熱利水
   的效果更好。

2. 若買不到清香的夜香花，可改用文蛤或海瓜子 300g，在做法 3
   同時放入，湯水風味更鮮。

# 微苦的湯水食材－
# 芥菜

　　芥菜在中醫食養觀念裡的屬性是溫，只是因為帶有苦味而常被聯想成寒性食材，芥菜有許多不同品種能應用在我們的日常料理中，像是：包心芥菜、大葉芥菜，小葉芥菜、以及俗稱的「娃娃芥菜」，但其實它是另一個芥菜品種的孢子芥菜。

## 包心芥菜

　　包心芥菜莖部肥厚，苦味明顯且耐煮，常用來燉煮或湯品，有些攤販去掉葉片後只販售肥莖，在台灣被稱為「刈菜」，俗稱「長年菜」，總在天冷時才在市場裡大量出現，以往吃到芥菜的台式湯品，都是農曆新年時期家裡才煮的刈菜雞湯，那特殊的苦味伴隨著薑味引出肉味的鮮，在油膩的年節料理時，刈菜雞湯成了解膩的湯水聖品，讓人無法停止，一口接著一口的喝下去。

## 小芥菜

小芥菜莖部細，苦味及辛辣味是所有芥菜裡最強烈的，用鹽醃漬後就是常見的雪裡蕻、雪裡紅（雪菜）。在香港市場裡，雪菜還能再細分為醃漬後保有強烈辛辣味的綠色雪菜，以及稍微經過發酵後，辛辣味降低、味道變得更加甘香的黃綠色雪菜。

## 孢子芥菜

近年來，在市場裡還可見到另一款可愛的芥菜品種—娃娃菜。雖然被叫做「娃娃芥菜」、「兒芥菜」，但它其實並不是芥菜的「小時候」，而是另一個芥菜品種的孢子芥菜，而孢子芥菜是所有芥菜種類裡苦味最低的，無論快炒或燉菜都適合。

## 大葉芥菜

最後，就是大葉芥菜了，經常被醃漬加工成梅干菜、福菜、酸菜的食材。大葉芥菜莖部微厚，葉片面積寬大，辛辣味及苦味低。除了鹽漬加工外，新鮮的大葉芥菜還適合煮湯和快炒，在香港也有使用芥菜烹煮的美味滾湯，像是芥菜鹹蛋瘦肉滾湯，只要和簡單的食材搭配，很快速就能做出解膩又美味的滾湯。若是在冬天見到市場裡的芥菜，我就會買回家煮，拯救懶惰下廚的自己。

滾湯 冬

芥菜生鹹蛋肉片滾湯

**Ingredients**

材料

**a.**

豬小里肌肉 150g

大葉芥菜 175 g

薑片 10g

水 620ml

生鹹鴨蛋 2 顆

海藻細鹽 1 茶匙

（約 5g，視鹹蛋鹹度情況酌量調整）

**b.**

海藻細鹽 1/2 茶匙（約 2.5g，可按鹹度喜好酌量調整）

生抽醬油 1 茶匙 （5ml）

冷開水 2 桌匙（30ml）

白胡椒粉 1/4 茶匙（1.25g）

玉米粉 2 茶匙（10g）

食用油 2 茶匙

使用鍋具　　　3 ～ 4L 不鏽鋼湯鍋／石鍋／土鍋皆可

Steps

做法

1. 將大葉芥菜一片片摘下後洗淨、瀝乾,分成梗和葉,皆切成 3 ～ 4cm;薑切片。

2. 敲開 2 顆生曬鴨雞蛋,分開蛋黃與蛋白,並將鹹蛋白再分為 3 份(做法 2 使用 1/3 份,做法 4 使用 2/3 份)。

3. 將小里肌肉切成大約厚 0.2cm ～ 0.3cm 片狀,放入碗中。接著加入材料 b,即海藻細鹽、生抽醬油、冷開水、白胡椒粉,以及 1/3 份的生鹹蛋白,用手抓至吃水並產生黏性,再加入玉米粉抓至看不見白粉狀後,倒入油,放入冰箱冷藏 15 分鐘。

4. 取一個小湯鍋,加入薑片與 620ml 的水,煮至水沸騰,先放入芥菜粗梗。待鍋內湯水再次沸騰後, 一片片放入肉片、芥菜葉及鹹蛋黃,煮至肉片變色後關火,最後加入剩下的 2/3 份的生鹹蛋白,攪拌均勻。

5. 由於鹹蛋本身已有鹹味,若覺得鹹味不足,最後再酌量增加少許細鹽。

包周說｜ 每次購買的雜貨店生鹹鴨蛋,偶爾會有鹹度不同的狀況,我會建議煮好湯之後先喝一口湯,再按情況決定是否增減鹽的份量。

# 花旗參原來是
# 海外長大的 ABC

　　西洋參是國外長大的 ABC，早期是因為在美國威斯康辛州種植而被冠上「西洋」二字，也因為美國國旗在亞洲被稱為「花旗」，所以又多了另一個藝名「花旗參」，不過現在購買花旗參也開始有了其他產地的選擇。

　　初次接觸花旗參湯品時，是一盅清澈的港式燉湯，材料有花旗參與麥冬、豬瘦肉、雞爪，第一口曾被那微苦的特殊風味給震撼了一下，但沒想到接著兩口、三口，不知不覺就喝得精光。沒想到此後還迷上了使用花旗參搭配菊花、枸杞沖泡或煲煮成的茶飲。花旗參屬性寒，因此會用它做湯品或茶飲的季節大多是炎夏及仲夏。

　　大部分人對於人參的印象就是「補」，但不同的人參及炮製方式，會使得食養屬性有所不同，可以看看「人參小圖鑑」，了解一下不同人參的食養屬性差異及忌諱之處。

▲ 在香港，有一個很大的特色是市場、食物乾貨店常常有店貓。

## 人參小圖鑑

### 亞洲人參（人參、高麗參）

**味甘微苦，性微溫**

歸肺、脾經

大補元氣，生津

安神生津

＊有感冒症狀者忌服人參

＊忌諱與茶葉、蘿蔔一起食用

### 花旗參

**味甘微苦，性寒**

歸肺、腎經

補氣養陰，清火降火

適合虛而有火者

＊需要使用人參但體質不適合用人
參溫補的對象，可改用花旗參代替

### 太子參 / 孩兒參

**味甘，性平**
歸脾、肺經
補氣生津，功效與人參相當

### 黨參

**味甘，性平**

歸脾、肺經合脾胃，止煩渴、止渴
補中氣，不補元氣

＊糖尿病、高血壓者忌服黨參，可使用較多的太子參代替

### 沙參

**味甘微苦，性微寒**
歸肺、胃經
補陰，清肺火

＊分成「北沙參」、「南沙參」兩種

高麗參不等於高麗紅蔘，所謂的「白參」、「紅參」、「糖參」是藥材炮製的方式。人參經曝曬乾燥處理，顏色還是淺色乾燥的而被稱為「白參」，若將人參蒸熟再乾燥至紅棕色就稱「紅參」，而加入蜂蜜或糖水加工製成的就是「糖參」。在市面上的高麗紅參品牌印象做得太好，所以多數人便認為高麗參就是高麗紅參。

燉
湯

長夏、秋

花旗參蟲草麥冬湯

**Ingredients**

材料

以下為一個 330ml 小燉盅的食材份量，如果要多盅，請按比例增加食材

豬腱肉 25g

花旗參 5g

麥冬 5g

蟲草花 2g

鈕扣香菇 1～2 朵

去芯蓮子 5g

水 280ml（如要風味更濃郁，可改為 250ml）

海藻細鹽 1/4～1/2 茶匙（1.25g～2.5g，可酌量調整）

使用鍋具　　8 ～ 10L 不鏽鋼深湯鍋（可改為大同電鍋或是隔水加熱的電子蒸籠）

Steps

做法

1. 去芯蓮子稍微沖洗，泡水 30 分鐘後瀝乾水分；蟲草花及鈕扣香菇稍微沖水，放一起泡水 15 分鐘後也瀝乾；稍微沖洗花旗參及麥冬外層，瀝乾水分。

2. 豬腱肉放入鍋內，加入冷水淹過表面，開小火加熱到即將沸騰後關火。

3. 在水龍頭下搓洗豬腱肉的浮沫雜質再瀝乾水分，切成 2.5cm ～ 3cm 小塊。所有材料放入燉盅後，加入 250 ～ 280ml 冷水，蓋上燉盅蓋。

4. 在深湯鍋內放入高蒸架，加入 2500ml 的水煮至沸騰後，放入燉盅隔水蒸 4 小時。完成後，每一盅加入細海藻鹽 1/2 茶匙。若使用大同電鍋，同樣也要先預熱 15 分鐘。

# 香港海味店的特殊風景—
# 見過世面的貓店長

　　香港的海味乾貨店裡，有著其他亞洲地方的南北貨行逐漸不再販售的的海味乾貨食材，因此海味乾貨也成了各地粵菜餐館廚師朝聖採購，以及來港觀光的遊客時購買伴手禮（港稱：手信）的夢幻場地。除了台灣人熟知的乾魷魚，香港海味乾貨店也會販售在煲湯時常使用的乾章魚和乾花枝、曬乾的日月貝（港稱：日月魚），比台灣蠔仔乾還巨大的蠔乾、不同類型和不同處理製程的花膠，食材種類豐富。

▲ 在海邊鹹魚棚下的貓　　▲ 海味乾貨店內對著海味乾貨不為
　　　　　　　　　　　　　所動的貓店長

　　身為外地人的我覺得更有趣的是，我發現在香港許多乾貨店、食材行、水果店、雜糧店、海鮮加工廠或海味乾貨店都能見到貓店長的存在。或者，在香港大澳製作蝦醬工廠的附近，以及曝曬鹹魚的鹹魚篷下，也能看見正在納涼，卻不想偷吃魚的貓。正當在全世界的貓皇，都正在為魚乾向奴才賣萌時，香港海味乾貨店的貓兒看著成堆的海味乾貨不為所動，我心想：「見過世面的貓，果然就是不一樣！」

## 增加海味的煲湯食材小圖鑑

**乾燥墨魚（花枝）**
乾燥過的墨魚（花枝）需要提早
一天浸泡至變軟後才能使用。

**乾燥章魚**
在港式煲湯裡經常出現乾燥章魚，港
式蓮藕排骨湯更是不能沒有它。

**乾燥魷魚**
乾燥魷魚不只在煲湯時可用，也經
常出現在快炒料理中。

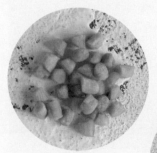

## 乾瑤柱／乾干貝

煲湯使用乾瑤柱也是增加鹹味及海
味方法，也可混用便宜的珍珠干貝。

## 螺片

螺片泡軟後煲湯能增添鮮甜味，咀嚼
起來的口感也很不錯喔！

## 乾燥的美國響螺乾

美國乾螺片帶有殼，價位也較高，
要提早浸泡後去殼，它的味道濃郁
且口感比較堅韌。

煲湯

秋　冬

# 章魚綠豆蓮藕排骨湯

**Ingredients**

## 材料

蓮藕 700g

黃玉米 700g

豬腱骨 800g（腱子骨、帶骨豬腱肉、豬棒棒腿）

乾章魚 40g

綠豆 60g

薑 20g

蜜棗 1 個（有時會改用乾燥金桑椹 60g）

水 3000ml

粗鹽 1 ～ 1.5 茶匙（約 5 ～ 7g，可酌量調整）

Tools

使用鍋具          4L 以上不鏽鋼湯鍋
                （也可用 8 ～ 10L 不鏽鋼深湯鍋，因為煲湯食材份量多，
                鍋具需要大一點）

Steps

做法

1.  蓮藕去皮切成大塊，黃玉米切塊，綠豆洗淨瀝乾水分。乾章魚泡水 30
    分鐘後剪去章魚嘴，再剪成 6 片；薑切片。

2.  豬腱骨放入鍋內，加入冷水淹過表面，開小火加熱到即將沸騰後關火，
    在水龍頭下搓洗雜質，並且搓去骨頭碎片，再瀝乾水分。

3.  取一個湯鍋，放入做法 2 的豬腱骨和其他所有材料，加入 2000ml 的
    水，加蓋開大火煮滾後，轉小火煲 2 小時，中間不開鍋蓋（若使用保
    溫性佳的土鍋則改為 1.5 小時）。

4.  完成後開蓋，分兩次加入粗鹽，加入第一次後先喝一口湯試試鹹度，
    再按鹹度喜好調整。

5.  最後撇掉湯水表面的油，建議開大火讓湯沸騰後，會更容易用湯勺撇
    去在湯表面的大片油。

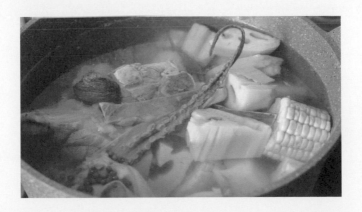

# 勝瓜？涼瓜？豬潤？
# 廣東話裡的食材雅稱

　　華人有趨吉避凶的文化，習慣避諱不吉利的稱呼或數字，並將其改為「雅稱」。而在融會東西方文化的香港，更會同時避免不吉利的中英文名稱或數字，改用更好寓意的文字來替代。

　　像是香港迪士尼樂園的所在地點，過去曾經叫做陰澳（Cloudy Bay），但中文「陰」與英文「Cloudy」，似乎和帶來歡樂的樂園有距離，因而把中文地名，從陰澳（讀音：Yam o）改為相同讀音的欣澳（讀音：Yan o），並將英文地名的 Cloudy Bay 改為充滿陽光感的 Sunny Bay。除了趨吉避凶，也有期待的寓意，像是等待出租的「空舖」，便會雅稱為「吉舖」，空位則稱為「吉位」，意思都是不希望繼續空下去。

　　還有建築物也是，以前香港的某些高級住宅為了避免影響銷售，會避開 4 以及西方的不祥數字 13。過去也曾有過為了增加銷售直接「跳層」至吉祥數字 6 與 8，使得原本 34 層高的建物竟有 88 樓的編號，後來就有了防範不合理跳層的規定。

**飲食相關的雅稱**

　　在飲食文化方面，自然也會使用雅稱來注入對於美好生活的期待，將發音似「乾」的肝與乾這兩個字，改成象徵富裕滋潤的「潤」，所以豬肝雅稱為「豬潤」，豆腐乾雅稱為「豆腐潤」。

　　廣東話舌字音似虧錢的「蝕」，便改成「脷」字，所以牛舌稱為「牛脷」，表示不願意繼續再虧錢下去。唸起來音似「輸瓜」的絲瓜就改名成「勝瓜」；去掉苦瓜的苦字，並改以食材的溫熱屬性命名的「涼瓜」，期待日子過得幸福，可以不再吃苦。

　　廣東話裡的各種雅稱，是不是很有趣呢？

◀ 在台灣被稱作「澎湖絲瓜」的稜角形長絲瓜，在香港的街市（菜市場）裡，通常標示為「勝瓜」或「長勝瓜」。

# 香港食物雅稱對照

### 絲瓜／勝瓜

華人總會避諱數字4，以免聯想到中文裡「死」的諧音，絲這個字近似「死」，故將絲瓜雅稱為「勝」瓜。

### 苦瓜／涼瓜

若在生活裡不時提及吃苦的話，似乎不太吉利。因此借用苦瓜清熱降火、屬性偏涼的食養特性，雅稱為「涼瓜」。

### 豬血／豬紅

「血」是嚇人的字，彷彿見到血都不是好事，畢竟沒有人希望「見到血光」，因此避開血字，把豬血雅稱為「豬紅」。

### 豬肝 / 豬潤 / 豆腐乾 / 豆腐潤

肝、乾、干都象徵乾荒的乾字，為此改為象徵滋潤
的潤字。不要乾荒，要滋潤，所以雅稱為「潤」。

### 豬（牛）舌 / 豬（牛）脷

舌與蝕同音，見到代表虧錢的字就
不開心！不想蝕，想得利，也因此
「舌」就雅稱為「脷」了！

### 雞爪 / 鳳爪

在廣東人經常將雞雅稱為「鳳」，
因此將便宜的雞爪雅稱為高貴的鳳
爪，並且做成美味的食物。

# 看不見魚肉的魚湯？
# 港台魚湯很不一樣

在我心裡，最明顯能區分港台飲食文化及習慣差異的湯，就屬魚湯了。還記得以前初次喝港式魚湯時，我帶著滿滿的疑惑想著：「魚肉呢？」、「沒有明顯薑味與酒味的魚湯，原來也這麼好喝！」、「魚湯原來可以煮成奶白濃啊！」

▶ 魚鮮濃郁的港式奶白魚湯，喝魚湯卻不見魚。

## 台式魚湯－追求鮮甜、去腥，也吃料

台式魚湯追求湯水清澈且湯水鮮甜不腥，品嚐湯品鮮味帶著薑香的同時，也要追求魚肉的鮮嫩。此外，煮海鮮及魚湯時會使用大量薑蒜與料理酒，無論是魚湯、蛤蜊湯或其他海鮮湯，也大多喜歡強烈薑味的微辣所提起的鮮，無論喝湯和吃魚都很重要。

### 港式魚湯－追求奶白濃郁，喝湯不吃魚

　　港式魚湯追求奶白濃郁厚實，煮湯時不使用料理酒，薑也用得比台式魚湯少。煎煮過後的魚鱻風味全都融進湯裡，至於喝魚湯不見魚，是因為魚肉經過長時間煎煮後已經四分五裂並且沒有味道，所以烹煮後會濾掉魚肉和魚刺，只留下鮮濃的湯來喝。除了奶白魚湯，其實番茄薯仔魚湯也是日常裡的經典，以奶白魚湯的煎煮技巧為基礎，搭配提昇鮮味的番茄和薯仔，同樣也是魚鮮甜、滋味濃厚，但湯裡不會見到魚。

▶ 我喜歡使用娃娃菜做魚湯浸菜，風味優雅，伴隨著魚湯鮮美與蔬菜本身的香甜。

◀ 經典的番茄薯仔魚湯，也是魚鮮濃厚，喝湯不見魚的美味港式魚湯。

在香港商店裡會販售類似紗布製的煲魚湯袋，就是在煮湯時可以隔離煮得四分五裂的魚肉和魚刺，只留下美味的魚湯底。若你真的非常不想浪費，可以取出魚肉後，用少許醬油沾著吃。

我會因應不同產季，去更換各種白肉魚作為魚湯材料，最重要的只有一點：魚肉必須非常新鮮。我的朋友偏愛經濟實惠的梭羅魚或者魚尾，而我偏愛用剝皮魚、金線魚（港稱：紅衫魚）、馬頭魚（港稱：青筋魚），甚至在不同季節時，直接問魚販：我想煲魚湯，最近有什麼不錯的魚能推薦？

## 奶白色的魚湯還能當成萬用湯底

魚湯還能應用做出多樣化的料理，像是「湯浸菜」，它是香港餐桌上常有的蔬菜料理方式，無論是「上湯浸菜」或「魚湯浸菜」都很美味，你可以因應季節更換魚類和蔬菜，做出不同的魚湯浸菜。或者使用奶白魚湯底，加入魚蛋、魚豆腐、肉片和河粉，就能做出粉麵行裡美味又經典的「魚蛋河粉」。

有時我也會混合這些不同湯品的優點，去做「混血湯」，如使用港式奶白魚湯作為高湯，去燙熟裹上薄粉的無刺鮮嫩魚肉片和其他配料，這樣就能做出港式湯水濃白、台式魚肉鮮嫩的混血魚片湯，吃起來很讚的喔！

【好夠火侯】
粵語發音：hou2 gau3 fo2 hau4

煲湯／老火湯很夠火侯，所以味道很濃郁，湯很好喝！

【萬用湯底・奶白魚湯】
可以直接喝，還能做出多
樣化料理。

【變化1：魚湯浸菜】
魚湯浸菜會比一般的
燙青菜更美味。

【變化2：魚湯粉麵】
加入魚蛋、魚豆腐、肉片和
河粉，在粉麵行裡很常見。

【變化3：用魚湯變化其他菜式】
是多用途的基礎湯底。

煲湯

秋、四季

# 基礎奶白魚湯

**Ingredients**

材料

馬頭魚 260g（港稱：青筋魚、青根魚，也可換成各種白肉魚）

薑 17g

玄米油 3 大匙（45ml）

水 1500ml

海藻細鹽 1/4 ～ 1/2 茶匙（約 1.25g ～ 2.5g，可酌量調整）

**Tools**

使用鍋具

直徑 26cm 且深度足夠的平底鍋，另準備鍋蓋
（我使用 FILA 白色平底鍋）

| Steps 做法 | 1. | 請魚販先清除魚內臟及刮除鱗片，回家後用軟毛小牙刷在水龍頭下把內臟殘留的血絲徹底清洗乾淨，這樣可以避免魚湯有腥味。 |
|---|---|---|

1. 請魚販先清除魚內臟及刮除鱗片，回家後用軟毛小牙刷在水龍頭下把內臟殘留的血絲徹底清洗乾淨，這樣可以避免魚湯有腥味。

2. 用料理剪刀剪去魚的背鰭、胸鰭、腹鰭，用廚房紙巾把魚身表面水分拭乾；薑切片。

3. 取一個深度 5cm 左右的深煎鍋，將鍋燒熱到微微冒煙，倒入 3 大匙玄米油，放入薑片，撒入 1/4 茶匙鹽，等油燒熱後，把薑片稍微移動至鍋邊，讓魚的表皮朝下放入鍋中煎香。

4. 煎魚的同時，另外準備 1500ml 的水並煮到大滾沸騰。

5. 持續加熱煎魚的煎鍋，魚留在鍋內，將另一鍋沸騰的熱水沖入煎鍋內，放入薑片持續加熱煮至沸騰。

6. 沸騰後撇去浮沫，加蓋繼續維持沸騰煲煮，建議使用透明鍋蓋，能明顯見到魚湯逐漸變成奶白色。

7. 煲煮 20 ～ 30 分鐘後掀蓋，撇去表面浮沫及油脂，用網勺過濾魚肉與魚刺，只留下鮮美的奶白魚湯，先品嚐一口魚湯，再決定是否再加入細鹽增加鹹度。

●**沸騰的滾水是煮出奶白湯底的秘密！**

當滾水遇上用油脂加熱的蛋白質，能加速乳化作用，讓湯水呈現奶白色。我會建議多做一點奶白魚湯，分裝結凍成常備高湯。可參照本書的番茄薯仔排骨湯做法，把水替換成魚高湯，補一勺薑汁，就可輕鬆完成經典的番茄薯仔魚湯，這也是一款喝得到魚的鮮甜味，卻見不到魚肉的湯喔！

●**魚刺怎麼辦？**

建議使用肉質扎實且魚刺較粗的魚種，比較不會有細魚刺，但有時遇上當季有細刺的魚類時，我會勤勞地濾掉細刺。有人會把煎過的魚裝在煲魚湯袋（紗布袋）裡再入鍋煮，以省略過濾魚刺的步驟。若不嫌麻煩，直接煲煮會讓魚湯更容易變得奶白。

# 止咳的湯水食材－
# 龍脷葉與橄欖

▲ 龍脷葉。

　　龍脷葉是十分具有廣東特色的草藥類食養食材，能清熱和止咳化痰，葉片形狀就像動物的舌頭一樣，呈現長形橢圓狀，也有很容易辨識的淺色紋路分布在葉脈上。在廣東地區常使用龍脷葉搭配金桔餅煮成治咳茶，也能搭配金桔和青橄欖及肉類做煲湯，或在季節轉換時期或感冒康復後，當成日常保健湯水來飲用。

　　青橄欖配上龍脷葉煲的止咳湯，其實有許多種不同版本，剛到香港生活時剛好遇上換季，一位朋友 Pauline 與我分享了一款龍脷葉橄欖豬筒

▲ 青橄欖。

骨湯。後來夫家親戚教了我另一款材料更多的版本，是使用龍脷葉、金桔餅、鹽漬青橄欖、螺片、排骨做成風味濃厚的桔餅龍脷葉橄欖湯。

　　買不到龍脷葉怎麼辦？你也可以用枇杷葉來代替，枇杷葉同樣有清熱止咳的效果，但要注意枇杷葉不可大量服用，因為而枇杷葉的寒性也強過龍脷葉，有些人的體質不適合，此外，也有人會因枇杷葉上的小絨毛有過敏及反胃嘔吐的狀況。改用枇杷葉之前，建議你還是要先向中醫諮詢，讓醫師判斷你當下的體質以及適合你的份量喔！

　　順道一提，因為平時很忙所以下廚很懶的我，也會給自己許多變通的方式。有時我會捨棄龍脷葉，直接使用醃漬青橄欖，同樣也能達到生津利咽的效果。或將新鮮橄欖替換成鹽漬青橄欖，加上豆腐和大量排骨，煮成鹹甘回味的青橄欖排骨湯，濃濃的橄欖風味，每口都回甘。

煲湯

春　秋

# 龍脷葉橄欖豆腐排骨湯

Ingredients

材料

新鮮青橄欖 38g

新鮮龍脷葉 38g

南北杏 35g

豬腩排骨 450g

豆腐 1 塊

蜜棗或蜜金桔餅 1 個

水 2000ml

粗鹽 1 ～ 1.5 茶匙

（約 5 ～ 7g，可酌量調整）

【註】豬腩排骨就是五花排、子排。

Tools

**使用鍋具**　　4L 以上不鏽鋼湯鍋
（也可用 8 ～ 10L 不鏽鋼深湯鍋，因為煲湯食材份量多，鍋具需要大一點）

Steps

**做法**

1. 摘下龍脷葉後洗淨並瀝乾水分，清洗青橄欖，用中式刀拍碎或劃開，南北杏泡水 20 分鐘，豆腐切塊。

2. 將排骨或瘦肉放入鍋內，加入冷水淹過表面，開小火加熱到即將沸騰時關火，取出排骨或瘦肉，在水龍頭下沖去表面浮沫雜質後瀝乾水分。

3. 取一個湯鍋，放入做法 2 的排骨和其他所有材料，加入 2000ml 的水，加蓋開大火煮滾後，轉小火煲 2 小時，中間不開鍋蓋（若使用保溫性佳的土鍋則改為 1.5 小時）。

4. 完成後開蓋，分兩次加入粗鹽，加入第一次後先喝一口湯試試鹹度，再按鹹度喜好調整。

5. 最後撇掉湯水表面的油，建議開大火讓湯沸騰後，會更容易用湯勺撇去在湯表面的大片油。

若你所在的地區沒有新鮮青橄欖，只能改用鹽漬罐頭青橄欖的話，請瀝乾水分後加入，這樣湯裡就不必再加鹽。

# 四季都適合拿來煲湯的
# 無花果乾

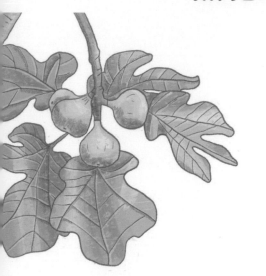

▲ 新鮮的無花果。

你喜歡無花果嗎？新鮮無花果雖不如曬乾的香甜，但濕潤帶有青草香的清甜風味深得我心。若在當季時節時見到新鮮無花果，就會買來當水果吃或搭配生菜沙拉。

無花果製作的食品也美味，像是伯爵茶無花果醬，喜歡到有時會忍不住挖了一大口無花果醬直接吃。無花果葡萄酒醋也是我的心頭好，搭配初榨橄欖油沾麵包，多了無花果風味的葡萄酒醋風味馥郁，實在迷人。

### 無花果乾能為煲湯增添自然甜味

　　對了！還有無花果乾，無花果乾燥後風味濃縮，甜度變得比新鮮無花果更加濃郁，無花果乾對我這個台灣人來說，以往只是乾果零食或西式料理的元素，直到在香港生活後，我才懂得它與湯連結在一起的美味。

　　在香港和廣東地區經常會使用乾燥的無花果乾為煲湯增加甜味，用乾燥無花果煲湯的甜味是溫潤的，當然，長時間煲湯後的無花果乾味道都進到湯裡了，果乾本身已經軟爛不美味了，可以不吃它。

　　使用乾燥無花果煲湯有許多不同的變化，且四季都適合，但在食養觀念裡，無花果也有潤肺利咽、理氣祛痰、促進食慾和消化的功效，因此在需要防秋燥且注重養肺的秋季，煮一些無花果系列的湯品是秋季保健湯水的好選擇，可多多嘗試。

▲ 圖左為質地柔軟的半乾無花果乾，很多時候也會買到硫磺燻製的，但使用硫磺燻製的無花果乾會使煲湯有股微酸的藥水味，購買時要注意喔。圖右則是自然曬乾且無硫磺燻製的小無花果乾，它的尺寸小且硬，顏色較深，我通常選擇右邊這種來煲湯。

煲
湯

秋　冬

無花果
花生眉豆湯

Ingredients

材料

帶皮新鮮花生 200g

眉豆 80g（白豇豆、飯豆、米豆、黑眼豆）

無花果乾 110g

雞爪 540g

豬腱 450g

水 3000ml

薑 12g

粗鹽 1～1.5 茶匙（約 5～7g，可酌量調整）

Tools

**使用鍋具**    4L 以上不鏽鋼湯鍋

（也可用 8～10L 不鏽鋼深湯鍋，因為煲湯食材份量多，鍋具需要大一點）

Steps

**做法**

1.  稍微沖洗眉豆及帶皮花生後，一起放入小碗中泡水 20 分鐘，再瀝乾水分；將無花果乾對剪並撕開，洗淨雞爪後剁去指甲，薑切片。

2.  雞爪和豬腱一起放入鍋內，加入冷水淹過表面，開小火加熱到即將沸騰後關火，撈出豬腱和雞爪，在水龍頭下搓洗浮沫雜質後瀝乾水分，將豬腱切成 4 大塊。

3.  取一個湯鍋，放入做法 2 的雞爪、豬腱和剩下的所有材料，加入 3000ml 的水，加蓋開大火煮滾後，轉小火煲 3 小時，中間不開鍋蓋（若使用保溫性佳的土鍋則改為 2.5 小時）。

4.  完成後開蓋，分兩次加入粗鹽，加入第一次後先喝一口湯試試鹹度，再按鹹度喜好調整。

眉豆是豇豆的一種，它有許多不同的名字，在台灣稱為米豆，通常作為配料，像是台灣米豆粽裡面的米豆。在歐美地區稱為黑眼豆（Black-eyed pea），經常搭配肉類和蔬菜做成燉豆料理；在廣東餐桌上被稱做眉豆，經常在湯水料理的材料裡出現。

# 南杏、北杏、
# 甜杏仁比一比

　　杏汁在台灣稱為杏仁茶，這個味道對於台灣人來說，就和香菜一樣，有極度喜愛和極度討厭的族群，但我一直滿喜歡它特殊的香氣，就像我喜歡香菜一樣。

　　杏汁的風味在我的飲食記憶裡，總是會想到甜飲和甜品的存在，像是杏仁茶、杏仁豆腐。直到在香港生活後，我才初次喝到杏汁做成的鹹味煲湯，真是驚為天人的喜愛，心裡暗暗想著，沒想到杏汁做成鹹湯也這麼討人喜歡，我非要學會這款湯不可！

### 用南杏和北杏才能做成的白汁

　　白汁使用的杏仁，不是西式甜品中常用的「甜杏仁」，而是混合了南杏和北杏的南北杏。被稱為「苦杏仁」的北杏，從中醫食養角度來看可以止咳平喘，在坊間經常只有「有毒不可多吃」的說法。但其實是因為含有苦杏仁苷，所以不可多吃，加熱烹煮的時間也要超過 40 分鐘，確實降低所謂的「毒」，並且和南杏混合搭配煮食。

　　南杏看起來和北杏很像，但尺寸卻大了許多，同樣也有止咳平喘的食養功效，但藥性比北杏相比卻弱了許多，所以經常是用較多的份量和北杏做搭配，大多以 4：1 的比例來使用。現在販售食材的店家，貼心地推出已混合好比例的南北杏作為產品來銷售，也因此有不少年輕人就誤以為南北杏指的是一款杏仁的品種。

## 杏仁小圖鑑

### 甜杏仁

蛋糕和堅果零食裡，常會有的甜杏仁（Almond）一般簡稱為杏仁。

### 北杏（苦杏仁）

北杏止咳平喘，但含有苦杏仁苷故不可多吃，因此常與南杏搭配使用。

### 南杏

南杏止咳平喘，藥性弱，多與北杏搭配使用，比例為南杏 4：北杏 1。

煲
湯
秋

# 杏汁白肺湯

## Ingredients

材料

南北杏 200g

豬筒骨 285g（剁開）

豬肺 450g（切大塊）

金華火腿 37g

薑 15g

帶殼銀杏（白果）10 個

水 2500ml

海藻細鹽 1/4 茶匙（約 1.25g，可酌量調整）

▲ 做法 4 乾煎豬腱時，隨著溫度提高，會看
　見豬肺逐漸冒出水分、雜質和泡泡，等泡
　泡不再出現後即可關火。

【註】金華火腿的鹹味已煮進湯裡，請按喜好決定是否加鹽。

Tools

使用鍋具    4L 以上不鏽鋼湯鍋
（也可用 8～10L 不鏽鋼深湯鍋，因為煲湯食材份量多，
鍋具需要大一點）

Steps

做法

1. 敲開銀杏殼，用牙籤取出銀杏；南北杏泡水後瀝乾，加入 400ml 的水打成汁，使用紗布袋過濾出杏仁白汁；薑切片。

2. 在水龍頭下沖洗豬肺，反覆洗淨去血水後，先放一邊瀝乾。

3. 取一個深鍋放入豬筒骨、豬肺，加入冷水淹過表面，開小火加熱到將沸騰時關火，取出豬筒骨，在水龍頭下沖去表面浮沫雜質後瀝乾水分。

4. 接著取出豬肺並再次去雜質：把瀝乾後的豬肺放在平底鍋上乾煎，豬肺會逐漸冒出雜質和泡泡，等雜質不再出現後，用水把豬肺再清洗一次，確實瀝乾，或用廚房紙巾壓乾。

5. 取一個湯鍋，放入做法 3 的豬筒骨、做法 4 的豬肺以及剩下的所有材料、加入 2500ml 的水，加蓋開大火煮滾，轉小火煲 2.5 小時，中間不開鍋蓋。

6. 完成後開蓋，加入做法 1 的杏仁白汁後煮滾，喝一口湯試試味道，因為金華火腿在湯裡已煮出鹹度，再按鹹度喜好調整決定是否加鹽，調整鹹度後即完成。

7. 最後撇掉湯水表面的油，建議開大火讓湯沸騰後，會更容易用湯勺撇去在湯表面的大片油。

# 如葷一樣美味的煲湯食材－富有鮮味和口感的菌菇

天然食材是最天然的味精，像是含有麩氨酸（Glutamic acid）的番茄、玉米、新鮮菇類、發酵食品、海鮮及肉類，或是含有肌苷酸（IMP）的鮮味材料：柴魚片、小魚乾，海鮮及肉類。或者是乾燥的各種菌菇類，也含有帶來鮮味的鳥苷酸（GMP）。

**不同菌菇的迷人香氣**

港式湯品裡使用各種菌菇搭配其他食材煲湯，每一款乾燥菌菇都有屬於自己的強烈特色，乾燥猴頭菇口感似肉；竹笙口感爽脆又容易吸附湯味；乾燥牛肝菌和乾燥羊肚菌帶有濃烈的肉類香氣；乾燥姬松茸與乾燥松茸就像山裡的海鮮；乾燥茶樹菇像是用奶油煎過的肉，帶有一股特別的清香。

▲ 秋季美味野菇：熊掌菌（左上）雞縱菌（左下）松茸（中）雞油菌（右下）牛肝菌（右上）

　　茶樹菇還有另一個台灣人比較熟悉的名字——柳松菇。平時在煲菇類湯時，我最喜歡使用的就是乾燥茶樹菇，因為比起濃烈似肉香的牛肝菌來說，茶樹菇的特殊風味更是香得恰到好處，無論煲肉湯、煮高湯或煲素湯都好喝！使用乾燥茶樹菇煲煮出來的湯水，也會變成清澈的琥珀褐色。

　　至於湯水裡的鮮味從何而來？除了肉類裡的麩氨酸是湯裡的鮮味來源，其他新鮮蔬果也具有鮮味成分，像是富含氨酸、腺苷酸、鳥苷酸的番茄、富含肌苷酸的乾燥海味乾貨，以及富含鳥苷酸各種乾燥菌菇，都是鮮味的秘密來源。

　　使用多樣不同的鮮味材料互相搭配並層層堆疊出湯水的鮮味及風味層次，細細將風味煲煮進湯水裡，就能產生港式湯品特有的濃鮮風味。若你是個素食者，你可以將本書內所有湯品裡的肉類，替換成富含優質油脂的堅果及兩種以上的乾燥菇類，去提升素湯水裡的鮮味及香氣。

　　我想推薦大家看兩本自己常看的兩本有關鮮味的書——《鮮味的秘密》與《鮮味高湯的秘密》，前者偏向理論，帶你認識鮮味及各國鮮味食材的使用，內容較繁複，要慢慢閱讀。後者偏實作，直接詳列鮮味食材讓你直接查詢，簡單速成。兩本搭配閱讀，對於鮮味食材的替換應用，會變得靈活得許多。

**【延伸閱讀推薦】**
《鮮味的秘密》作者：歐雷·莫西森、卡拉夫斯·史帝貝克 著（麥浩斯出版）
《鮮味高湯的秘密》作者：長濱智子 著（幸福文化）

## 煲湯常用的菌菇類小圖鑑

### 乾燥茶樹菇

茶樹菇的風味特殊，而且香得恰到好處，無論煲肉湯、煮高湯或煲素湯都適合。

### 新鮮牛肝菌

牛肝菌的菌傘為棕褐色，而菌柄為白色，是世界知名的珍貴食材之一。

### 乾燥／新鮮姬松茸（巴西蘑菇）

姬松茸含有提高免疫的成分，新鮮的口感爽脆，乾燥的則有更濃郁的堅果香和鮮味。

### 新鮮松茸

松茸寄生於松樹的根部，它帶有一種清新的香氣，是日本料理中的珍貴食材。

### 熊掌菌

熊掌菌的外型酷似熊掌而得名。

**乾燥猴頭菇**

乾燥猴頭菇的口感很類似肉類。

**乾燥羊肚菌**

乾燥羊肚菌有著濃烈的肉類香氣。

**新鮮草菇**

草菇有著灰黑色的菌傘和白色菌柄。

**乾香菇**

台灣香菇薄，香港香菇厚，搭配其他菌菇鮮味更加乘。

**雞油菌**

杏黃色的雞油菌又稱雞油菇，或是黃菇、酒杯蘑菇，外型像喇叭的樣子。

秋　冬

# 茶樹菇蟲草排骨湯

## Ingredients

### 材料

蟲草花 15g

茶樹菇 35g

蜜棗 2 個（約 45g）

紅棗 8 ～ 10 個（約 35g）

南北杏 20 g

乾燥淮山片 25g（無硫磺加工過）

豬腱骨 800g（腱子骨、帶骨豬腱肉、豬棒棒腿）

水 2500ml

粗鹽 1 ～ 1.5 茶匙（約 5 ～ 7g，可酌量調整）

【註】在台灣，豬腱骨又稱豬棒棒腿，請攤販挑肉多的，並剁成大塊。

**使用鍋具**　　　4L 以上不鏽鋼湯鍋

（也可用 8～10L 不鏽鋼深湯鍋，因為煲湯食材份量多，鍋具需要大一點）

**做法**

1. 蟲草花泡水 5 分鐘後瀝乾；茶樹菇泡水 15 分鐘後瀝乾；南北杏泡水 20 分鐘後瀝乾。剝開紅棗並去核，稍微沖洗淮山。

2. 將豬腱骨放入鍋內，加入冷水淹過表面，開小火加熱到即將沸騰時就關火，在流動的水下搓洗雜質後瀝乾。

3. 在鍋內放入做法 2 的豬腱骨和其他所有材料，接著加入 2500ml 的水，加蓋開大火煮滾後，轉小火煲 2.5 小時，中間不開鍋蓋。

4. 完成後開蓋，分兩次加入粗鹽，加入第一次後，先喝一口湯試試鹹度，再按鹹度喜好調整。

5. 最後撇掉湯水表面的油，建議開大火讓湯沸騰後，會更容易用湯勺撇去在湯表面的大片油。

如果吃素或有其他飲食考量而避免吃魚煲湯或肉骨煲湯的朋友，可以把食材內的材料更換為帶有豐富油脂和蛋白質的堅果類，像是帶皮核桃仁、腰果，並同時增加菇類的份量，就是讓湯品成為「素煲湯」的方式。

雖然素湯不及肉湯的鮮，只要補足了脂肪與乾燥菇類的鮮味成分，同樣也能做出富含營養的素湯。

# 男女皆宜的黑豆

▲ 炒黑豆。

在台灣生活時，以往接觸到黑豆的機會，大多是因為身邊女性朋友會飲用黑豆水來消水腫或保養身體，或是產後調養身體時用黑豆煮水來喝，不知不覺就對黑豆有了「只限女性」的刻板印象，直到接觸中醫食養後，才了解到黑豆在食養觀念裡，除了利水祛濕、補血滋陰之外，還能明目及改善腰痛、補腎也養腎，是男女皆宜的親切食材。

黑豆性平，許多人會事先將黑豆乾炒後才加水煲煮成黑豆茶，這是因為透過炒製能讓黑豆屬性趨於溫熱，就能針對需要溫補的產後女性及身體虛寒者進行飲食調養。黑豆並非一定要乾炒過，而是要看自己當前的體質是否適合，平時煮湯水保養時，或者體質燥熱的人要喝黑豆水，其實不需炒製，直接使用也可以。

在港式湯水裡，黑豆不只是單純煮成茶飲，還可以搭配許多食材去煲煮成各式的養生茶及湯水，像是使用同樣養肝明目也利水的桑葉，就能煮出黑豆桑葉袪濕茶，但要注意袪濕可別過頭了。此外也可使用黑豆搭配各式湯品，為湯水增添天然的黑豆甘香與濃厚色澤，更可以搭配五行中其他黑色的養腎食材，如黑豆搭配黃精及草本材料，又或者中藥材，做出護腎滋陰的湯品喔！

### 能和黑豆搭配的黑色食材 1 －黃精

屬於中醫裡的補陰藥，能補虛、補血，不僅補中益氣、益五臟，還能滋腎、潤肺、補脾胃以及養腎。許多人會使用黃精搭配何首烏、熟地，作為補血虛和倦怠時使用。或使用黃精、紅棗、黃耆煲煮成黃精瘦肉湯以滋補身體。但要注意痰濕體質者忌用黃精。再次提醒，仍要透過持牌中醫師為你診斷當下體質是否適合食用喔！

### 能和黑豆搭配的黑色食材 2 －秋耳

「秋耳」是北方地區在秋天採收的黑木耳，因為氣候的關係，尺寸偏小且肉質偏厚，膠質感強烈。黑木耳在食養觀念中具有補氣、補血作用，降低血液濃度以預防血栓及動脈硬化。此外還含有豐富膠質感的水溶性纖維成分，適量食用搭配足夠的日常喝水量，有助於減少便秘困擾喔！

煲
湯

秋　冬

# 黑豆排骨湯 核桃黃精秋耳

Ingredients

## 材料

核桃 10g（核桃仁）

黑豆 46g

黃精 7g

乾龍眼肉 11g（桂圓肉、無煙燻龍眼乾）

秋耳 6g

湘蓮子 15g（帶皮紅蓮子）

芡實 18g

白茯苓 20g

白朮 20g

黃玉米 1 根

豬腱 270g

水 2500ml

粗鹽 1～1.5 茶匙

（約 5～7g，可酌量調整）

## Tools

使用鍋具　　　　8~10L 不鏽鋼深湯鍋
　　　　　　　　（因為煲湯食材份量多，鍋具需要大一點）

## Steps

## 做法

1.　湘蓮子、芡實、黑豆分別泡水 20 分鐘後瀝乾水分；秋耳泡水半小時後也瀝乾；黃玉米切塊。

2.　將豬䐁放入鍋內，加入冷水淹過表面，開小火加熱到即將沸騰時關火，在流動的水下搓洗雜質後瀝乾，切成大塊。

3.　在鍋內放入做法 2 的豬䐁和其他所有材料，接著倒入 2500ml 的水，加蓋開大火煮滾後，加蓋轉小火煲 2.5 小時，中間不開鍋蓋。

4.　完成後開蓋，分兩次加入粗鹽，加入第一次後，先喝一口湯試試鹹度，再按鹹度喜好調整。

5.　最後撇掉湯水表面的油，建議開大火讓湯沸騰後，會更容易用湯勺撇去在湯表面的大片油。

煲湯

秋　冬

# 黑豆素湯　核桃黃精秋耳

**Ingredients**

## 材料

核桃 280g（核桃仁）

黑豆 46g

何首烏 7g

湘蓮子（帶皮紅蓮子）

芡實 18g

黃精 7g

乾龍眼肉 11g（桂圓肉、無煙燻龍眼乾）

秋耳 6g

白茯苓 20g

白朮 20g

黃玉米 1 根

水 2000ml

粗鹽 1 茶匙

（約 5 ～ 7g，可酌量調整）

**Tools**

使用鍋具　　　8 ～ 10L 不鏽鋼深湯鍋

（因為煲湯食材份量多，鍋具需要大一點）

**Steps**

做法

1.  湘蓮子、芡實、黑豆分別泡水 20 分鐘後瀝乾；秋耳泡水半小時後瀝乾。
    黃玉米切塊。

2.  在鍋內放入所有材料，接著倒入 2000ml 的水，加蓋開大火煮滾後，
    加蓋轉小火煲 2 小時，中間不開鍋蓋。

3.  完成後開蓋，分兩次加入粗鹽，加入第一次後，先喝一口湯試試鹹度，
    再按鹹度喜好調整。

▲ 這道煲湯又稱為「五黑素湯」，即使不用肉類，改用堅果也能煲出好喝的湯水！

# 可甜可鹹的西洋菜湯水

▲香港川龍村西洋菜田。

　　在香港，從秋天開始到冬天的時期，正是盡情吃西洋菜的的季節，西洋菜又叫「水田芥」，它有一股很特別的味道，類似堅果及近似芥菜的辛香味。

　　一般西洋菜是種植在水田裡的，也容易會有蜞乸（水蛭），所以清洗的過程都要更加仔細。買回家後，清洗方式也比其他蔬菜還要繁複許

多。首先,抓住一把西洋葉,葉片朝下,放在水盆裡,打開水龍頭並以
較大的水柱清洗西洋菜,需要抖動著清洗,倒掉水盆裡的水後,再重複
進行共 3 次,接著再用鹽水浸泡 2 小時。需注意清洗過程是否有出現
浮起的水蛭和蟲蟲,撈掉牠們後再倒去盆裡的水,避免黏回菜上。接著
在流動的水下抖動西洋菜清洗兩次後,以流動的水浸泡 30 分鐘再瀝乾
水分,十分費工。

西洋菜在各地都有不同的料理展現方式,無論做生菜沙拉、煮熟後做
料理都有,但在香港較少有人把它拿來做生菜沙拉食用,一來是顧慮蜞
蚂(水蛭),二來是受到港式飲食文化影響,多數用水汆燙西洋菜,再
浸在高湯裡做成湯浸菜、或煲西洋菜排骨湯,也有加入蜜棗和糖,煲成
可調製成甜味飲料的「西洋菜蜜」。

如果你到香港旅遊時剛好是西洋菜盛產季節,我會推薦你先從「湯浸
菜」開始品嚐,接著再去茶餐廳點一杯「西洋菜蜜」,然後到餐廳試試
用西洋菜煲的湯,等你熟悉西洋菜入湯水的味道後,再回家嘗試做看看
西洋菜煲湯吧!

▲ 市場裡常見的西洋菜。

# 秋季的煲湯食材－竹芋

　　每到了秋季，市場裡就會出現竹芋，在其他季節裡見不到它的蹤跡，但是到了竹芋盛產的秋季卻也不見它在餐盤上，原來它隱藏在秋季的港式湯水裡，成為隱形的秋季煲湯食材。

　　竹芋有很高的澱粉含量，剝皮後切開後，原本米白色的切面接觸到空氣，就會氧化而讓澱粉褐變而轉化成淡淡的紅褐色，因此通常會建議下鍋之前再切開。竹芋外表光滑且內部纖維粗，說實話，並不好入口，因此大部分會用來做湯水料理。

　　用竹芋入湯煲湯時，取的是竹芋在鍋內長時間煲煮出的澱粉清甜，可以增加湯品的甜度，反而不是品嚐它的口感及質地。在港式煲湯裡，有許多食材取的只有風味及屬性，並不一定把所有煲湯的食材都當作湯料來品嚐，像先前多次提過的，港式煲湯的重點仍是喝湯喔！

　　從湯水食養的角度來看，普遍認為竹芋清肺止咳、清熱利尿，用竹芋搭配其他秋季材料可以做出清熱養肺的秋季湯品。若是在秋季的市場裡見到它，不妨把握機會，來試試這個食材煲湯的清甜滋味。

### 竹芋剝皮前

竹芋外表光滑且內部纖維粗，因為不太好入口，所以會用來做成湯水料理。

### 竹芋剝皮後

竹芋的澱粉含量高，剝皮後切開後，原本米白色的切面接觸到空氣，就會氧化而讓澱粉褐變而轉化成淡淡的紅褐色。

### 用竹芋做西洋菜竹芋豬腱骨湯

圖中是西洋菜竹芋豬腱骨湯，用竹芋入湯煲湯時，取的是竹芋在鍋內長時間煲煮出的澱粉清甜，可以增加湯品的甜度，不是品嚐它的口感及質地喔！

秋　冬

# 西洋菜竹芋豬腱骨湯

Ingredients

## 材料

西洋菜 600g

豬腱骨 890g（可換豬脊排）

蜜棗 2 顆（約 45g）

南北杏 20g

竹芋 300g

水 3000ml

粗鹽 1 茶匙（約 5～7g，可酌量調整）

【註】我通常買乾貨專賣店的整袋蜜棗，加工製作的蜜棗表面有一層糖霜，洗掉很可惜。蜜棗是搭配煲湯用的食材，經過 2～3 小時煲煮後，整顆會四分五裂，因此不必預先泡軟，因為甜味會被泡掉。

Tools

使用鍋具     4L 以上不鏽鋼湯鍋
（也可用 8 ～ 10L 不鏽鋼深湯鍋，因為煲湯的食材份量很多，所以鍋具盡量要大一點）

Steps

做法

1. 西洋菜放在水盆裡，在流動的水下以抖動方式清洗 3 次，再用鹽水浸泡 2 小時，若出現浮起的水蛭就撈去它，倒去水盆裡的水，接著在流動的水下抖動清洗兩次後，再以流動的水浸泡 30 分鐘後瀝乾。

2. 南北杏泡水 20 分鐘後瀝乾；撕去竹芋的外皮。

3. 豬腱骨放入鍋內，加入冷水淹過表面，開小火加熱到沸騰時關火，在水下搓洗雜質後瀝乾。

4. 將做法 2 的竹芋切滾刀塊，為避免氧化，建議入鍋前再切塊。

5. 鍋內放入豬腱骨、竹芋、南北杏、蜜棗，接著加入 3000ml 的水，加蓋開大火煮滾後轉小火煲 2 小時，中間不開鍋蓋。

6. 開蓋後，維持大火，放入西洋菜，加蓋煲 30 分鐘至西洋菜變軟爛以及風味融入湯裡。

7. 完成後開蓋，分兩次加入粗鹽，加入第一次後，先喝一口湯試試鹹度，再按鹹度喜好調整。

8. 最後撇掉湯水表面的油，建議開大火讓湯沸騰後，會更容易用湯勺撇去在湯表面的大片油。

# 不是椰子的海底椰

▲ 海椰子樹的外觀非常很奇妙，分為雌樹與雄樹，
　 但兩者卻是相連生長的。

　　海底椰拿來入湯水的歷史並不長，是近代貿易的關係才從非洲地區引進，經常被當成潤肺化痰止咳、滋陰補腎時使用的湯水材料，不管是煮湯或者是茶飲裡都有海底椰的蹤跡。

　　海底椰到底是什麼？它既不在海底，也不算是椰子。海底椰是棕櫚科海椰子屬植物——海椰子的果實，海椰子樹的外觀非常很奇妙，雖然分為雌樹與雄樹，兩者的樹根卻相連在一起，雌樹的果實長得像人類的女性器官，雄樹的果實則有一條類似人類男性生殖器的柔黃花序，以傳遞花粉之用。

### 新鮮海底椰和乾燥海底椰的味道並不相同

　　無論是乾燥的或新鮮的海底椰，都可以拿來作為湯水材料，在港式湯水裡的應用變化有許多種，能煲成甜味的中式糖水，也能搭配肉類和其他材料做成鹹味煲湯。

　　新鮮的海底椰通常是一整塊的，乾燥的海底椰則是一律切成薄片後曬乾。煲湯時大多使用曬乾後的海底椰，會比新鮮海底椰擁有更豐富的木質奶香氣息，煲湯時只取其性味，是湯裡不吃的材料。若將新鮮海底椰去殼，能看到一層淺黃色外皮的果肉，內層果肉是半透明白色的椰果質地。新鮮海底椰偶爾也能煲湯，但少了乾燥海底椰的木質奶香，有些人則喜歡它的口感，會稍微品嚐一下。

▲ 將乾燥海底椰切成薄片後曬乾才拿來煲湯，它會比新鮮海底椰擁有更豐富的木質奶香氣息，但煲湯時只取其性味，是湯裡不吃的材料。

## 煲湯裡的椰香及奶香食材小圖鑑

### 五指毛桃

五指毛桃是粗葉榕的根，也是益肺的煲湯食材，入湯水時，能讓湯品有一股淡淡的椰香及木質奶香，在湯裡取用的是它的性味，這個材料是不吃的喔！

除了海底椰，其他也能增加椰香且清潤的煲湯材料！

### 切成厚片的椰肉

椰子裡厚厚的椰肉有強烈的椰香，富含維生素、脂肪及礦物質。厚切鮮椰肉入湯時，取用是香氣及屬性，不會直接品嚐。椰肉可搭配椰青水一起入湯。

## 椰青水

椰青水是青椰子鮮剖後取出的椰子水,顏色透明帶淡淡木質奶香,沒有強烈的椰肉香氣,入湯時取用的是椰青水的清爽甜味,以及有助生津、利水退火的功效。

## 乾燥海底椰薄片

用乾燥海底椰煮湯水,會有更強烈的木質奶香氣息,由於乾製過的口感不佳且風味也已經都煮入湯裡,使用這個材料時,通常只取其性味,不會直接品嚐它。

## 新鮮海底椰去殼後

新鮮海底椰的風味較淡,圖右為去殼海底椰,圖左為去殼後再去掉外膜的海底椰,呈現半透明白色的椰果質地,喜歡這個口感的人會在喝湯後稍微吃一點。

煲湯
秋

川貝海底椰豬腱湯

**Ingredients**

材料

豬腱骨 900g（腱子骨、帶骨豬腱肉、豬棒棒腿）

乾燥海底椰薄片 40g

川貝 10 g

南北杏 20g

無花果乾 25g

水 3000ml

粗鹽 1 ~ 1.5 茶匙（約 5~7g，可酌量調整）

**Tools**

使用鍋具　　　　4L 以上不鏽鋼湯鍋
　　　　　　　　（也可用 8 ～ 10L 不鏽鋼深湯鍋，因為煲湯的食材份量
　　　　　　　　很多，所以鍋具盡量要大一點）

**Steps**

做法

1. 將乾燥海底椰薄片沖水後瀝乾；南北杏與川貝分別泡水 20 分鐘瀝乾；
   撥開無花果乾。

2. 將豬腱骨放入鍋內，加入冷水淹過表面，開小火加熱到即將沸騰時關
   火，在流動的水下搓洗雜質後瀝乾。

3. 取一個湯鍋，放入做法 2 的豬腱骨和其他所有材料，加入 3000ml 的
   水，開中大火煮滾後，加蓋轉小火煲 2.5 小時，中間不開鍋蓋。

4. 完成後開蓋，分兩次加入粗鹽，加入第一次後，先喝一口湯試試鹹度，
   再按鹹度喜好調整。

5. 最後撇掉湯水表面的油，建議開大火讓湯沸騰後，會更容易用湯勺撇
   去在湯表面的大片油。

廣東話通常稱「豬腱」為「豬䐑（俗寫為「展」）」，並且在肉品分割時還會再細分
成小腿位置的豬小䐑、靠近大腿位置的豬大䐑。豬大䐑及豬小䐑都適合拿來煲湯與燉
煮。另外還有夾層在豬大腿內，位於豬小䐑旁的「豬水䐑」，豬水䐑尺寸小，肉質軟嫩，
適合入菜快炒或燉盅湯。若想知道更多名稱的差異，請見本書附錄的「湯水食材及名
稱對照表」。

秋　　冬

# 雙椰蟲草雞湯

**Ingredients**

**材料**

厚片椰肉 200g

去殼的新鮮海底椰 250g

蟲草花 10g

走地雞 1 隻（約 600g，請肉販處理好並剁成塊）

豬排骨 150g

龍眼乾 25g（桂圓肉、無煙燻龍眼乾）

水 3000ml

粗鹽 1 ～ 1.5 茶匙（約 5~7g，可酌量調整）

【註】此款湯底若去掉蟲草花，也可以當作港式火鍋的湯底喔！

**Tools**

使用鍋具　　　8 ~ 10L 不鏽鋼深湯鍋
　　　　　　　　（因為煲湯食材份量多，鍋具需要大一點）

**Steps**

做法

1. 清洗去殼的海底椰後剝除淺黃色外皮，稍微切成塊。沖洗厚片椰肉、龍眼乾後瀝乾水分；蟲草花泡水 15 分鐘後也瀝乾。

2. 雞肉塊與豬排骨放入鍋內，加入冷水淹過表面，開小火加熱到即將沸騰後關火，在流動的水下搓洗雜質後瀝乾。

3. 將做法 2 的雞肉塊、豬排骨和所有材料放入湯鍋內，加入 3000ml 的水，開中大火煮滾後，加蓋轉小火煲 3 小時，中間不開鍋蓋。

4. 完成後開蓋，分兩次加入粗鹽，加入第一次後，先喝一口湯試試鹹度，再按鹹度喜好調整。

5. 最後撇掉湯水表面的油，建議開大火讓湯沸騰後，會更容易用湯勺撇去在湯表面的大片油。

◄ 這道湯品裡使用的是無煙燻並且去殼去籽的乾燥桂圓肉，呈現淺茶色，風味清淡，入湯會有淡淡的龍眼香及甜味，你也可以使用泰國北部的龍眼乾。但不建議使用台灣本地的柴燒龍眼乾，因為柴燒龍眼乾有著煙燻香氣和更強的甜度，反而會蓋住這道湯品的淡雅椰香喔！

# 追求嘴巴不勞動的
# 雞蓉玉米羹

初次接觸雞蓉玉米羹，是在小時候某天深夜裡，媽媽用快速湯包煮了湯，讓大家各喝一碗熱湯做宵夜填肚子。又過了幾天，她嘗試改用新鮮材料煮雞蓉玉米羹，一口口明顯的玉米粒與切成小方丁的雞胸肉，入口時那鮮甜的風味，贏得了家中親戚孩子們的心。

因為最初接觸的都是料理湯包，我們曾誤以為雞蓉玉米羹的雞蓉是切成方丁，且使用原粒玉米。直至拜讀香港飲食寫作的第一人——陳夢因的《食經》[註1]，才了解這道羹湯應該要有的模樣，叫做「嘴巴不勞動」。也就是說，玉米粒不帶

皮、不見玉米粒，嚼起來卻有一粒粒的口感，而雞蓉不僅是剁成蓉，連細微的筋膜也得挑去。早期在香港高級酒樓餐廳裡，對於雞蓉玉米羹十分講究，雞蓉必須被剁成近似稀飯米粒狀的模樣，然後加入蛋白，再巧妙地運用筷子挑出雞肉粒的筋膜；至於玉米粒外頭的種皮是不能留的，從煮這道湯品的細緻度來看，便能區分出家庭或餐廳的等級。

只是不曉得為什麼，後來大家都更換成存在感強烈的玉米粒及雞肉丁。或許是因為料理時有諸多考量，或在商品化或大眾化的過程中，再次進化或調整過，待普及性高了或者時間拉長了之後，大家便忘了這道經典湯品原本該有的面貌及工序。當然料理包及調埋包不是萬惡，它讓我們的生活更簡便，同時是經濟實惠的另一個選項，但不表示我們就得徹底捨棄了料理原本該有的講究之處，在我們有餘裕時，不妨回到飲食初衷去探尋，會發現深藏之其中的故事與文化底蘊。

【註】
1. 陳夢因（1910—1997）任職於《星島日報》時，曾以筆名「特級校對」撰寫飲食專欄「食經」，近年集結成冊並出版為書籍《食經》上下卷。因為有他開拓中文飲食專欄，才有現在的飲食文化及書寫工作者。

▲ 製作時，會用湯匙滑壓玉米粒，以去掉外層種皮。

▲ 黃色的甜玉米和水果玉米，一般做雞蓉玉米羹只會用甜玉米。

如果想省略去除玉米粒外層種皮的繁瑣步驟，可使用現在熱門的「破壁機」，將玉米雞胸高湯一起打成細緻糊狀。但這樣也就會捨棄了傳統雞蓉玉米羹原本那種不帶皮、不見玉米粒，嚐起來卻有玉米胚一粒粒的口感了。

▲ 剁成米粒狀的雞蓉。

◀ 加入蛋白後攪拌雞蓉，就能容易挑出筋膜。

煲湯

秋冬、四季

# 雞蓉玉米羹

## Ingredients

材料

**a.**

雞胸肉 300g

西洋芹梗 2 根

水 600ml

玉米芯 1 根

（請見做法 1）

**b.**

甜玉米粒 180g（請見做法 1）

水 460ml

雞柳 150g

雞蛋 2 個

芡汁（玉米粉 2 大匙 + 水 180ml）

海藻細鹽 1/4 ～ 1/2 茶匙（約 1.25 ～ 2.5g，可酌量調整）

荷蘭芹葉少許（可不加，非必須）

Tools

**使用鍋具**　　　1～2L 小土鍋、不鏽鋼鍋，以及 1 個網篩

Steps

## 做法

1. 切下玉米粒，留下整根玉米芯。玉米芯、雞胸肉切大塊，和西洋芹梗（不切）以及玉米粒加入 600ml 的水中，預先煮 60 分鐘，撈去表面浮沫。

2. 從做法 1 的高湯中取出西芹梗、雞胸渣，只留下玉米粒和雞胸高湯，分成兩份。

3. 將煮熟的玉米粒放入大目的篩網中，用湯匙仔細壓碎玉米粒。若沒有耐心的話，也可用調理棒稍微打碎玉米粒，再用湯匙讓玉米粒在篩網中滑壓，隔出玉米種皮，只留下玉米胚與玉米胚乳，然後放回高湯內，這時候的玉米雞胸高湯看起來有一點像小米粥。

4. 將雞柳的筋去除，細切粗剁，切成小丁後再用刀子反覆將雞胸肉丁剁成米粒大小，注意別剁成糜狀，放入碗中。敲開 1 顆蛋，保留蛋黃，取出蛋白加入雞蓉裡，使用筷子攪拌，攪拌的同時不斷挑出雞肉粒的筋膜。

5. 加熱玉米雞胸湯至即將沸騰前，接著加入雞蓉，持續攪拌至雞蓉煮熟呈現白色狀，這時雞蓉看起來有一點像是粥裡的米粒，此時可加入芡汁勾芡。

6. 把預留下來的蛋黃，和另 1 顆全蛋一起打散成蛋液，輕輕倒入湯裡攪成細細的蛋花，最後加入少許細鹽即完成。

▶ 因為只留下玉米胚，看起來有一點像小米粥。

# 冬季進補的
# 港台文化差異

　　食養注重因時、因地、因人，因此就算都是冬令進補，在不同地區會有各自習慣的食養方法、風味偏好，而食譜料理的呈現方式也有所不同。過往我在台灣每到冷天就想煮麻油雞或燒酒雞，但在香港生活後稍稍被改變了。

　　因為廣東地區和香港的氣溫和濕度都更高一些，同樣是冬季裡的溫補，港式的進補方式還是比台式進補再溫和一點。舉例來說，廣東人喝湯追求風味濃郁，且煮湯喝湯都會撇去湯品上的油脂，也會避免「上火」的飲食，因此有大量油脂、添加大量料理酒，好讓溫補效果更加強烈的麻油雞，在香港被大眾接受的程度反而比較低。

## 台式的溫補料理特色

　　因為氣候形態、住民體質以及飲食文化上的不同，製作台式溫補料理時，會看到部分中藥材添加酒浸漬或一起烹煮，以加強藥性；而使用料理酒的時機和份量也比港式湯品多了很多。港式湯品雖然也會使用屬性溫熱且藥膳味強烈的中藥材，但湯品整體風味的呈現比較溫和，料理酒登場的機會少，薑的使用份量也低，當地人還會加上不同屬性和風味的食材，讓湯品的風味更佳馥郁柔和。

　　許多時候，飲食文化的差異很容易讓人在不了解的狀況下，就只以個人成長的習慣標準去評斷好壞，而樹立起隔閡的牆，無法進一步欣賞彼此的不同之處，其實很可惜。每個人都有自己的喜好，但開闊心胸多了解和欣賞對方的文化，避免畫地自限，其實就是讓自己多一項選擇，也多了一種口福喔！

## 秋冬常用溫補材料小圖鑑

**天麻**

有助於舒緩頭痛

**當歸**

補血活血、潤腸調經

**川芎**

祛風止痛、活血祛瘀

**何首烏**
補肝腎、強筋骨

**紅棗**
養血安神、補中益氣

**枸杞**
養肝明目、補虛滋腎

滾 湯 冬

# 魚頭湯 天麻當歸

## Ingredients
### 材料

天麻 2 片　　　　　　白鰱魚頭 560g

何首烏 19g　　　　　豬腱 415g

紅棗 20g　　　　　　薑 35g

當歸 12g　　　　　　油 2 大匙

川芎 12g　　　　　　水 2500ml

白芷 10g　　　　　　粗鹽 適量

## Tools
### 使用鍋具

8 ～ 10L 不鏽鋼深湯鍋（因為煲湯的食材份量很多，所以鍋具盡量要大一點）

## Steps
### 做法

1. 天麻、何首烏、當歸、川芎、白芷都沖水並瀝乾；天麻泡水 20 分鐘後瀝乾水分，紅棗掰開並去核，魚頭洗淨後對切，薑切片。

2. 豬腱放入鍋內，加入冷水淹過表面，開小火加熱即將沸騰時關火，在流動的水下搓洗雜質後瀝乾，切成大塊。

3. 取一個湯鍋，倒入油 2 大匙，放入薑片煎到香味出現後，放入魚頭，直接在湯鍋內將魚頭雙面煎香。煎魚的同時，另準備一個湯鍋煮滾 2500ml 的水。

4. 煎魚頭的大湯鍋內加入所有藥材、豬腱以及水 2500ml，開蓋用中火煮滾，再加蓋轉小火煲 2.5 小時，中間不開蓋。

5. 完成後開蓋，分兩次加入粗鹽，加入第一次後，先喝一口湯試試鹹度，再按鹹度喜好調整。

話你知

為什麼排骨湯裡有章魚？為什麼雞湯裡還有豬肉？這是因為港式湯品有時候會混搭不同肉類或海味乾貨來增添風味層次。有些排骨湯裡會有乾章魚或乾瑤柱，是為了增加湯的海味；在雞湯增加豬肉則是為了讓肉湯更豐厚。哪個食材的比例多，誰就是主角。若想用單一款肉或海鮮當然也行，只是風味厚度有所不同。

【註】我平時做這道湯品時不加米酒，若頭痛時或天氣寒冷時，可在加蓋之前添加廣東米酒 30ml。

# 按部位細分滋補功效的<br>全株當歸

當歸在中藥裡被歸類為「補虛藥」，眾所皆知，當歸是補血聖品，它能止血、活血、補血，還能調整月經與經痛，也是孕婦產後血虛的時候，進補血虛的常用食養材料，偷偷說，其實它還能幫助潤腸喔！。

使用當歸入菜時，要記住當歸含有揮發油，若想要保有最多的的香氣，可以在煲湯後段的時候才加入，如果想要強化活血的作用，可以再搭配料理酒。不過，當歸的屬性偏溫熱，體質燥熱的朋友食用時要多加注意或者少量。如果你已經透過中醫師為你判斷為燥熱體質的話，為了避免上火，建議你避免使用當歸，而改為同樣也有補血功能但屬性微溫的熟地。但使用熟地入湯也有要注意的地方，感冒時避開使用它。

當歸在中藥養生裡，還會按部位細分：當歸頭、當歸身、當歸尾及全當歸，不同部位不同功效。記憶口訣：全當歸補血活血、當歸頭止血、當歸身補血、當歸尾活血。是不是很有趣呢？

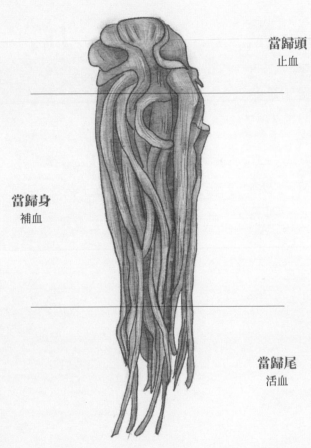

全當歸
補血活血

當歸頭
止血

當歸身
補血

當歸尾
活血

**使唔使留返湯畀你？**
**粵語發音：sai2 m4 sai2 lau4 faan1 tong1 bei2 nei5**

有次難得先生開伙，而我卻因工作繁忙無法準時回家吃飯，先生多次詢問「要不要留些湯給你？」我心裡想：「明知我沒吃晚餐，就只給我湯喝嗎？哭哭！」後來才知道，他以前如果晚歸沒在家吃飯，父母都是這麼問他的！

燉湯 冬

# 黑蒜何首烏當歸雞湯

材料

| | |
|---|---|
| 獨子黑蒜 77g | 何首烏 19g |
| 大蒜 70g | 薑 6g |
| 全雞 1160g（可請肉販切成大塊） | 水 3000ml |
| 當歸 12g | 粗鹽 1～1.5 湯匙 |
| 川芎 12g | （約 5～7g，可酌量調整） |

**使用鍋具**　　　4L 不鏽鋼湯鍋（也可使用 8 ～ 10L 不鏽鋼深湯鍋）

**做法**

1. 獨子黑蒜、大蒜都剝皮洗淨。當歸、川芎、何首烏稍微沖洗乾淨；薑切片。

2. 雞肉放入鍋內，加入冷水淹過表面，開小火加熱到即將沸騰時關火，在流動的水下搓洗雜質及碎骨後瀝乾。

3. 取一個湯鍋，放入做法 2 的雞肉和所有食材（除了當歸），加入 3000ml 的水，用中火煮滾，加蓋轉小火煲 2.5 小時，中間不開鍋蓋。

4. 完成後開蓋，分兩次加入粗鹽，加入第一次後，先喝一口湯試試鹹度，再按鹹度喜好調整。

5. 放入當歸，加蓋煮 10 分鐘，完成後開大火讓湯沸騰，用湯勺撇去在湯表面的大片油。

# 治鼻子過敏的冬芽花蕾─辛夷花

　　辛夷花是武當玉蘭的冬芽花蕾，外觀是毛茸茸的筆狀樣子，乍看時會覺得和過年常拿來插畫的「銀柳」很相似，但尺寸小了很多，兩種植物之間的科目也相差很遠。銀柳是楊柳科，而玉蘭花是木蘭科植物，毛茸茸的辛夷花也是中醫食養裡的一款養生材料。

　　初次接觸辛夷花時，是和朋友 Pauline 出遊時，那天我整天鼻子過敏，她馬上帶著我去中醫店買了辛夷花，叫我回家放入小湯鍋裡加水煮成熱茶喝，我也認真地喝了一陣子作為保養。

當時從未想過為什麼，直到後來進修中醫食養時，才明白在食養觀念中認為辛夷花能通鼻竅。單獨使用它沖茶時，其實沒有什麼明顯的風味，所以可以再搭配具有發散及散熱屬性的新鮮薄荷葉，一起放入小湯鍋裡，快速煮成清爽美味的辛夷花薄荷熱茶。辛夷花除了做茶飲，還能成為煲湯裡的材料，像是搭配南北杏、無花果、豬瘦肉或排骨煲煮成「無花果辛夷花瘦肉湯」，在容易引發過敏的春、秋季節裡，可以作為鼻子過敏時的飲食保健湯水。

對了！辛夷花有絨毛，若用來煮茶的話，要注意煮的時間不要太長，大約 3～5 分鐘就可以取出，或放入小茶包中，不然辛夷花上的細小絨毛會脫落跑到湯裡了。如果要用辛夷花去煲煮動輒花費兩三個小時的煲湯，就更加需要放入紗布袋裡，以避免絨毛脫落而影響到湯水口感。

▶ 辛夷花的表面滿佈細小絨毛，因此煮湯時要留意不能煮太久，以免絨毛脫落跑到湯裡。

涼茶

春　秋

辛夷花 薄荷茶

## Ingredients

材料

辛夷花 35g

新鮮薄荷葉 35g

水 600ml

黃冰糖或黃砂糖適量（減醣中的人可不加糖）

## Tools

使用鍋具　　　單柄小湯鍋

## Steps

做法

1. 用水沖洗辛夷花後瀝乾，洗淨薄荷並摘下葉片。

2. 把辛夷花和 600ml 的水放入小湯鍋內，煮滾約 5 分鐘後取出辛夷花，接著放入薄荷葉再煮 3 分鐘後關火。

3. 喜歡甜味的的人可加一點糖，或者直接當成無糖熱茶來享用就很好了，完成後過濾盛裝，這道茶飲內的材料是不吃的喔！

# 薑讓牛奶凝固了？

　　薑汁撞奶是知名的港式糖水甜品，做法是在一碗鮮磨出來的薑汁裡，撞入加熱過的牛奶，靜置過後等待凝固，就能得到口感似嫩豆花的薑汁撞奶了，這是因為薑汁裡的生薑白酶能幫助蛋白質凝固。

**材料簡單但製作不易的薑汁撞奶**

　　薑汁撞奶的成功關鍵之一是溫度，因為牛奶加熱的溫度也很重要。取一個保溫性良好的單柄牛奶鍋，加入砂糖後，緩緩地將牛奶加熱到介於 70～80℃之間，才能讓牛奶裡的蛋白質順利地和生薑白酶起作用，進而達到凝固的效果。

　　如果天氣寒冷，通常溫度下降快，若是撞奶的速度慢了或顧著玩手機，最後幾碗牛奶的溫度就低於 70℃了，這時就會發生最後的幾碗無法凝固的狀態了⋯⋯

　　但是，貪心也不行，如果一開始直接把牛奶加熱到超過 80℃，溫度過高的牛奶衝入薑汁裡反而會讓蛋白酶失效，也同樣無法成功凝固了。哎唷！隨緣吧！

將牛奶加熱到介於 70 ～ 80℃之間，
溫度不能過高或過低！

　　除了溫度掌握之外，薑汁與牛奶的比例拿捏也很重要！建議鮮磨薑汁
1：牛奶 3。你可以參考以下比例：一碗的份量是 50ml：150ml，兩碗
的份量是 100ml：300ml。別一次做太多碗，特別是冬天時，因為過
於降溫或過於高溫的牛奶，撞進去都不會凝固喔！

　　不只是薑汁撞奶，還有許多傳統甜品也是我的心頭好，像是杏汁燉
蛋、蛋白燉鮮奶、核桃糊、芝麻糊、使用腐竹和白果煮成的糖水、加入
水煮蛋的桑寄生蛋茶…等，都是在香港生活後，我才逐漸懂得欣賞的傳
統甜品。

糖
水

秋　　　冬

# 薑汁撞奶

材料

老薑鮮磨薑汁 100ml（請見做法 1）
全脂牛奶 300ml
砂糖 3 茶匙（按個人口味增減）

**Tools**

使用鍋具　　　單柄牛奶湯鍋

**Tools**

工具　　　　　2 個陶瓷小碗（單個約 200ml）
　　　　　　　溫度計

Steps

## 做法

1.  把老薑磨成泥，擠出薑汁，

2.  取一個單柄牛奶鍋，放入牛奶與砂糖後加熱至 75 ～ 80℃，不可不及溫度或超過溫度，此溫度牛奶裡的凝乳酶才能和薑汁裡的生薑白酶作用，達到凝固的效果。

3.  沖入做法1的薑汁，薑汁與70℃之上的牛奶水溶性蛋白產生化學反應，牛奶才能凝固。

# 男女養生皆宜的桑寄生

▲ 乾燥後的桑寄生。

桑寄生做成的糖水在香港的糖水甜品店很常見。我初次嘗試的時候，有點不太習慣，因為浸泡在桑寄生茶湯裡的水煮蛋變成了咖啡色的模樣，而這個色澤的水煮蛋總讓我想到滷到入味的滷蛋。但在這款甜品裡，雞蛋是帶有清香及甜味的，感覺有些陌生，直到試過幾次才終於打破自己的刻板印象，甚至也迷上桑寄生茶濃厚且帶微苦的青草茶風味。

桑寄生在中醫的食養觀念裡，能祛風濕、強筋骨及緩解腰痛，同時有益於肝腎，還有安胎的作用。它的屬性為平，所以無論是寒、熱體質的人都可以食用，也因為男女皆宜的關係，在香港的糖水店普遍都能看到這道糖水甜品。此外，有一些港式雲吞麵店家也有販售蓮子蛋茶，讓顧客吃完雲吞麵後，再來一碗糖水。擔心吃不下嗎？放心，港式雲吞麵份量都不大的，如果吃不飽，配上糖水剛剛好。

## 蓮子蛋茶

除了糖水店之外，有一些港式雲吞麵店家也會販售蓮子蛋茶，讓顧客吃完雲吞麵後，可以再來一碗美味糖水當作飯後甜點。

## 桑寄生樹

桑寄生在中醫的食養觀念裡，能祛風濕、強筋骨及緩解腰痛，同時有益於肝腎，還有安胎的作用。因為它的屬性為平，所以無論是寒、熱體質的人都可食用，而且男女皆宜。

糖

秋、四季

桑寄生蓮子蛋茶

### Ingredients

材料

桑寄生 65g

去芯蓮子 20g

龍眼乾 30g（桂圓肉、無煙燻龍眼乾）

雞蛋 2 顆

水 1500ml

黑糖 3 大匙（龍眼乾已微甜，可不加糖）

使用鍋具　　　8 ～ 10L 不鏽鋼深湯鍋（可改為大同電鍋或是隔水加熱的電子蒸籠）

做法

1. 洗淨桑寄生和龍眼乾，去芯蓮子泡水 20 分鐘後瀝乾水分。

2. 取一個裝有冷水的小鍋，放入煮雞蛋 7.5 分鐘，取出雞蛋放涼後剝殼，先放一邊。

3. 將桑寄生塞進紗布袋，整包放入湯鍋內，加入 1500ml 的水煮滾，再加蓋以小火煮 50 分鐘。

4. 取出紗布袋，放入龍眼乾、蓮子，再以小火煮 30 分鐘。

5. 加入黑糖和做法 2 的水煮蛋，再煮 15 分鐘，關火後讓鍋蓋微開，浸泡水煮蛋至入味上色，食用前再稍微加熱。

# 幫助消化的湯水食材－
# 紅咚咚的山楂

▲ 新鮮山楂。

在能幫助消食的中藥有許多種，像是麥芽、萊菔子（白蘿蔔子）以及
山楂。在北方，會把山楂做成山楂糖葫蘆當作零食；但在廣東，山楂則
是被運用到湯水裡，並搭配各種材料一起煲煮，再添加糖，做成酸酸甜
甜的餐後飲品，像是酸梅湯、洛神花茶、山楂枸杞茶、山楂陳皮茶、山
楂八寶茶⋯等．

　　山楂的後處理方式會使它在食養功效上有所區別，像是乾製或炒製過的山楂主要是幫助消食化積，乾煎新鮮山楂則有止瀉、活血化瘀、擴張血管的效果。但特別要注意，胃酸過多或有潰瘍者要少食用山楂。孕婦也要避免山楂，因為山楂能幫助子宮收縮，是孕婦在產後惡露不止時的食養材料之一，若妳剛懷孕或還在孕期中，要注意忌服山楂喔！

▲ 山楂洛神花茶材料很簡單，山楂片、洛神、陳皮這三樣，只要放入保溫杯沖泡，或預先煲煮一鍋後分裝即可飲用。

茶／飲

夏秋、四季

# 山楂洛神花茶

**Ingredients**

材料

陳皮 1 瓣（不必去白囊）

乾燥洛神花 15g

乾燥山楂片 20g

水 1000ml

黃冰糖或黃砂糖適量（減醣中的人可不加糖）

**Tools**

使用鍋具　　　1～2L 不鏽鋼湯鍋

**Steps**

做法

1.　將洛神花、山楂片、陳皮放入小湯鍋內，加入 1000ml 的水，開中火煮滾後，加蓋轉小火煲煮 30 分鐘。

2.　完成後按照喜好增加甜度，亦可不加糖。過濾後盛裝，可趁熱喝或裝瓶後放入冰箱保存。

【註】任何湯水如果要放涼後才飲用的話，記得煮的時候讓鍋蓋開一個縫，湯水才不會酸掉。煮好之後過濾再盛裝入瓶，記得茶飲內的材料不吃喔！

# 港式湯水裡的
# 各式水果風味

　　秋季的港式湯水會選擇滋潤且防燥的食材，同時為了避免使身體過於燥熱，也會盡量不在秋季使用中藥材入湯水，改為使用草本材料並搭配各種水果。

　　至於會用來入秋季湯水的常見水果有：木瓜、無花果、蜜棗、蘋果、雪梨、乾燥黃金、桑葚、桂圓、紅棗、甘蔗…等。由於廣東人在食養應用時，認為水果生冷，因此許多體質虛寒的人會盡量避免吃生菜沙拉和水果，透過烹煮的方式減少水果的生冷特性。

　　將水果入湯水，除了能為湯品帶來清甜的水果香氣之外，還能取其食材的特性，達到日常湯水養生的目的，無論煲煮茶飲或鹹湯點都是不錯的嘗試。如果你對水果入湯有興趣，也可以試著將此書裡湯品裡用到的「蜜棗」或」無花果」更換為蘋果或雪梨來煮看看。

跟著季節用水果入湯有很多變化，像是經典的紅棗銀耳湯可搭配蘋果煮成蘋果銀耳湯，在秋季時還可搭配梨子，煮成雪梨紅棗銀耳湯。

◀ 在不是梨子的季
節，也可以用乾
燥的水梨片沖茶
或煮湯。

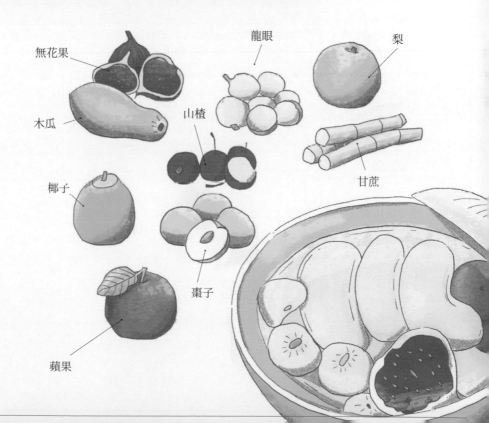

無花果

龍眼

梨

木瓜

山楂

椰子

甘蔗

棗子

蘋果

涼茶

秋

# 菊花雪梨茶

**Ingredients**

材料

菊花 30g

南北杏 3g

乾燥雪梨片 20g（也可改用新鮮雪梨 40g）

水 2000ml

黃冰糖或黃砂糖適量（減醣中的人可不加糖）

【註】任何湯水如果要放涼後才飲用的話，記得煮的時候讓鍋蓋開一個縫，湯水才不會酸掉。煮好之後過濾再盛裝入瓶，記得涼茶內的材料不吃喔！

Tools

使用鍋具　　2L 湯鍋

Steps

做法

1. 稍微沖洗乾燥雪梨片並瀝乾水分，也可以更換成當季的新鮮雪梨；南北杏泡水30分鐘後也瀝乾。菊花稍微沖洗，泡水20分鐘並瀝乾水分。

2. 所有材料放入湯鍋中，加入2000ml的水，開中火煮滾後，加蓋轉小火煲煮40分鐘。

3. 完成後按照喜好增加甜度，亦可不加糖。過濾後盛裝，可趁熱喝或裝瓶後放進冰箱保存。裝瓶後放進冰箱保存。

▲ 我購買的是圖中的乾燥菊花，如果你買的是有機菊花，可省略浸泡步驟。

# 不只是糖水店，
# 連粥店都會賣的
# 紅豆沙與綠豆沙

　　紅豆湯在不少國家都有，但卻有各自的製作方式及風味展現。韓國紅豆湯是加了鹽的鹹味紅豆湯，日本紅豆湯與台灣風格最為接近，追求粒粒分明，但放進嘴裡是帶有彈性的鬆軟綿密，使用的調味也比較簡單。而港式紅豆沙也很有特色，除了煮成近似糊狀的模樣，還能嘗到陳皮的味道，有時則會增加蓮子、百合⋯等一起煮。

　　對我來說，覺得更有趣的是，在香港的糖水甜品店能買到紅豆沙和綠豆沙之外，還能在傳統粥店找到它們的蹤跡，只不過粥店只有販售熱的，不像糖水甜品店還有冰涼的選項。港式紅豆沙和綠豆沙的風味與台式風味不同，用料也十分有香港本地的特色，像是前面章節曾提過的，綠豆湯裡必放的臭草及海帶，一旦喝習慣之後就會迷上。

　　許多人都聽過港式煲粥，得煲煮到米粒不見才能稱為「粥」，或許就是透過粥店師傅們的煲粥功夫，才能將紅豆沙與綠豆沙也煮得如此綿密細滑吧！！

## 話你知

在香港生活之後，我去過不同甜品店的傳統糖水，每一間其實都很美味。但如果要我推薦給大家旅行時方便前往的店家的話，我會想推薦的就是佳佳甜品，他們家的核桃露和芝麻糊的堅果香氣比起其他間糖水店更加濃郁，店裡所有甜品的味道也極好。這間店連續多年獲得米其林推介，所以人潮比較多，需要時間等候。

與台灣飲食習慣稍有不同的是，因為香港生活步調繁忙，若到快餐、小食肆或甜品店用餐時，吃完要記得盡快離開讓位給其他客人。如果想要和親友慢慢吃飯聊天，比較選擇吃火鍋或前往可以逐一上菜的餐廳為佳。

糖
水
冬

陳皮桂圓
蓮子紅豆沙

## Ingredients

材料

紅豆 600g

陳皮 1 瓣

去芯蓮子 20g

乾燥百合根 10g

龍眼乾 8g（桂圓肉、無煙燻龍眼乾）

水 3000ml

片糖或冰糖適量

（建議每次 50g 分次加入，調整到自己喜歡的甜度）

Tools

使用鍋具　　　8 ～ 10L 不鏽鋼深湯鍋（可改為大同電鍋或是隔水加熱的電子蒸籠）

Steps

做法

1. 紅豆泡水 5 小時後瀝乾水分；陳皮泡水 30 分鐘後刮去白囊並切絲；乾燥百合根和去芯蓮子稍微沖洗，泡水 30 分鐘後瀝乾；稍微沖洗一下龍眼乾，也瀝乾。

2. 取一個湯鍋倒入水，待水沸騰後放入所有材料（除了片糖與百合根），加蓋轉中火煮半小時，轉小火後再慢慢煲煮 1.5 小時，直到紅豆出現沙沙感。

3. 開蓋後加入片糖與百合根，由於龍眼乾已有甜味，建議每次 50g 分次加入，調整到自己喜歡的甜度，調味後再煮 10 分鐘後即完成。

◀ 我購買的是已剝開的乾燥百合根，易於保存，方便平時常備在家裡，隨時可用。

# 安神補血又補身的
# 棗子們

在中醫食養裡有許多中藥材及食材歸屬於「安神」類,而日常的乾貨食材也有安神作用,像是紅棗、南棗、黑棗…等。

紅棗是普遍使用在湯品及茶飲中的安神補血材料,但消化系統較弱、痰濕體質以及燥熱體質的人,食用時則需少量。許多款港式煲湯都會使用糖製過的蜜棗來增加湯品的甜味,其實蜜棗對安神也有少許幫助。

而南棗和黑棗黑棗性平,走脾胃經,煮茶飲或入湯品都很不錯。南棗是體型較瘦長的黑棗,酸味稍低且甜度較強,買不到南棗的時候,我會

用台灣煙燻黑棗代替，兩者都是煙燻的黑棗子，只是南棗的酸味比圓胖的黑棗更少一些。在中醫食養觀念裡，認為黑棗與南棗皆含豐富鐵質，所以養血安神與補血的作用更甚於紅棗。

天氣冷的時候，我會準備各種熱茶與熱飲給自己，雖稱為茶，但茶裡卻不見茶葉蹤跡，像是玉米鬚茶、紅棗茶、香草茶或花茶，或以曬乾水果或蔬果沖泡、熬煮的飲品，也都被人在名稱後面加上個茶字。

紅棗茶在我家餐桌上出現的機率不高，反倒是使用黑棗與紅棗混搭的這款雙棗茶已成了自家私房飲品的名單之一，而且是冬季限定，因為夏天時我迷上的是其他食物做的茶飲。

煙燻黑棗加紅棗煮的雙棗茶，有台灣煙燻黑棗的淡淡的煙燻味及微酸棗香，也有紅棗特殊的香甜，雙棗搭配讓風味更多層次。這款茶飲本身已有棗的微甜，所以我習慣不另加糖，但偶爾突然想喝甜一點，就加極少的黑糖提香增甜。或許因為煙燻黑棗特有的煙燻氣息及蜜香味，總讓我聯想到有點相似的正山小種紅茶，只不過這款茶不含茶葉，黑棗茶始終是乾果，是一款迷人的果乾茶。

◀ 新鮮的紅棗。

## 適合煮茶飲的棗子小圖鑑

### 南棗
**味甘，性溫**
**補中益氣、安神補脾胃**

與黑棗外觀相似，因加工方式帶有少
許煙燻味，形狀瘦長。

### 黑棗
**味甘，性溫**
**補中益氣、安神補脾胃**

與南棗外觀相似，因加工方式帶有少
許煙燻味，形狀較圓。

### 紅棗
**味甘，性溫**
**補中益氣、養心安神**
**生津潤心肺，補血**

棗子殺菁並日曬乾燥成紅色棗子的模
樣，香氣足，甜味清爽。

### 金絲蜜棗
**味甘，性平**
**補脾胃‧安神滋陰**

棗子加入糖熬煮後再乾燥成的蜜棗，
可以為湯品增加溫潤及明顯的甜味。

【註】這四款棗子煮茶後都有甜度，建議糖尿病患者少飲用。

茶／飲

四季

雙棗茶

**Ingredients**

材料

紅棗 10 粒

南棗 10 粒（可用煙燻黑棗替代）

黨參 7g

水 1000ml

黑糖適量（可不加糖）

**Tools**

使用鍋具　　　1～2L 湯鍋

**Steps**

做法

1. 剝開紅棗後去核，將紅棗放入鍋內乾煎至出現表面微微出現褐色及散發紅棗香氣。南棗去核切下果肉。

2. 取一個小湯鍋，放入所有材料和水 1000ml，以中火煮滾後加蓋轉小火再煮 40 分鐘。

3. 喜歡甜味的的人可加一點糖，或者直接當無糖熱茶來享用就很好，完成後過濾盛裝，可趁熱喝或裝瓶後放入冰箱保存。

【註】任何湯水如果要放涼後才飲用的話，記得煮的時候讓鍋蓋開一個縫，湯水才不會酸掉。煮好之後過濾再盛裝入瓶，記得茶飲內的材料不吃喔！

# APPENDIX

附錄

# 本書湯水食材及
# 名稱對照表

　　雖然香港和台灣都是使用繁體字，但在食材名稱及用詞上，港台之間還是有不少差異，以下是在料理領域常見的用詞差異。在香港也會避諱寓意不佳的用字，因此許多名稱也趨向使用雅稱。

## 用具／設備

| 台灣 | 港／澳 | 備註 |
| --- | --- | --- |
| 冷藏 | 冰鮮／冷凍 | 0～4℃，或4℃以下但不低於結冰點 |
| 冷凍、結冰 | 冷藏 | -18～23℃ |
| 冰箱 | 雪櫃 | |
| 冷凍庫 | 冰格／雪格 | |
| 冷飲 | 凍飲 | |
| 水煮／煠（台灣閩南語） | 烚 | |
| 燜煮／炕（台灣閩南語） | 炆 | |
| 汆燙 | 焯水／跑活水／飛水 | 使用冷水入鍋，加熱肉類去除雜質及血水 |
| 走活水 | 走活水 | 使用冷水，以水流浸泡沖洗 |
| 加油燙青菜 | 油菜 | 蔬菜與少量食油放進開水中一同燙熟 |

**肉品**

| 台灣 | 港／澳 |
| --- | --- |
| 豬肝 | 豬潤 |
| 豬腰子 | 豬腎 |
| 豬腱／豬小腱／前腿腱 | 豬輾／豬小輾／豬前腿輾 |
| 豬後腿腱 | 豬輾／豬大輾／豬後腿輾 |
| 豬小腿腱／後腿腱心 | 豬水輾（俗寫為展） |
| 豬老鼠肉／前腿腱心 | 豬老鼠輾（俗寫為展） |
| 豬後腿內側瘦肉 | 水輾／水柳／脾罅肉 |
| 豬後腿瘦肉 | 冧肉 |
| 豬後腿肉 | 瘦肉 |
| 豬大里肌 | 肉眼 |
| 豬小里肌／腰內肉 | 豬柳 |
| 五花肉／三層肉 | 豬腩 |
| 豬肩頰骨 | 西施骨 |
| 豬肩胛排骨 | 唐排 |
| 梅花肉／胛心肉 | 梅頭肉 |
| 豬腳前腳 | 豬手 |
| 豬腳後腳 | 豬腳 |
| 豬小排／豬腹協排骨 | 唐排／腩排／排骨粒 |
| 豬大排 | 金沙骨 |
| 豬肋骨／一字排 | 一字骨 |
| 豬脊骨／龍骨 | 豬脊骨 |
| 豬大骨 | 筒骨 |
| 豬腱子骨／豬棒棒腿 | 豬腱骨 |
| 肝腸 | 潤腸 |
| 豬板油 | 豬肥膏 |
| 豬絞肉 | 免治豬肉／肉碎 |
| 烏骨雞 | 烏雞／竹絲雞 |
| 土雞 | 走地雞 |
| 雞里肌 | 雞柳 |
| 烏骨雞 | 竹絲雞 |
| 水鴨／綠頭鴨 | 水鴨 |
| 草鴨／菜鴨 | 草鴨 |

## 海鮮

| 台灣 | 港／澳 | 備註 |
|---|---|---|
| 烏鱧 | 生魚 | |
| 烏魚／鯔魚 | 烏頭魚 | |
| 草魚 | 鯇魚 | |
| 鯁魚／青鱗魚／鯪魚 | 鯪魚 | |
| 土魠魚 | 馬鮫魚 | |
| 鮭魚 | 三文魚 | 以 Salmon 發音，因此稱為三文魚 |
| 鮪魚 | 吞拿魚 | 以 Tuna 發音，因此稱為吞拿魚 |
| 金線魚 | 紅衫 | |
| 馬頭魚 | 馬頭 | |
| 白帶魚／牙帶魚 | 帶魚／牙帶 | |
| 金鯧／黃臘鰺 | 黃鱽鯧／黃立鯧 | |
| 尖吻鱸／盲鰽 | 盲曹 | |
| 龍膽石斑魚 | 龍躉 | |
| 鰻魚 | 白鱔 | |
| 花枝 | 墨魚 | |
| 乾花枝 | 乾墨魚 | *台灣鮮少見到乾花枝 |
| 透抽／鎖管 | 魷魚／火箭魷 | |
| 魷魚 | 魷魚 | |
| 乾魷魚／土魷乾 | 乾魷魚 | |
| 小魷魚乾 | 吊片 | |
| 章魚 | 八爪魚 | |
| —— | 海星（乾） | *台灣沒有使用海星及海星乾 |
| 章魚乾 | 乾章魚 | *台灣較少使用乾章魚 |
| 牡蠣／蠔／蚵仔 | 蠔／蠔仔（小） | |
| 牡蠣乾／蚵乾 | 蠔乾 | 徹底曬乾 |
| 半乾牡蠣 | 金蠔 | 日曬 1～2 日 |
| 虎蝦／日本囊對蝦 | 九節蝦 | |
| 草蝦 | 草蝦／鬼蝦 | |
| 九孔鮑／九孔 | 九孔鮑／鮑魚 | |
| 鮑魚 | 鮑魚 | |

| 牛角貝／腰子貝 | 帶子／牛角貝 | Scallop |
|---|---|---|
| 干貝／扇貝／帆立貝 | 扇貝／瑤柱 | Fan Scallop |
| 乾干貝 | 乾瑤柱 | Dried Fan Scallop |
| 乾燥日月貝 | 日月魚 | |
| 淡菜 | 貽貝 | Mussel Mussel |
| 孔雀蛤／綠殼菜蛤 | 青口／翡翠貽貝 | Green Lipped Mussel |
| 蛤蜊／蛤蠣／（海）蛤 | 蜆 | |
| 蜊仔／（河）蜆 | 蜆 | |
| 文蛤／蛤蜊 | 沙白 | 文蛤和沙白兩者還是有些不同，但風味上可互相取代 |
| 海瓜子 | 沙蜆 | 另外還有和沙蜆也很相似但實際上體型較大的花甲 |
| 乾魚鰾 | 花膠 | |
| 響螺片 | 響螺片／螺頭片 | |

## 蔬菜／根莖類／豆類

| 台灣 | 港／澳 | 備註 |
|---|---|---|
| 苦瓜 | 涼瓜 | 「苦」在廣東話的諧音裡的含義不佳，因此改為食材屬性，故稱為「涼瓜」 |
| 絲瓜 | 勝瓜 | 「絲」在廣東話的諧音裡的含義不佳，改為有福氣的「勝」 |
| 毛冬瓜 | 節瓜 | Chi qua |
| 夏南瓜／櫛瓜 | 翠玉瓜／櫛瓜 | Summer Squash ／ Zucchini ／法文名：Courgette |
| 大黃瓜 | 黃瓜 | |
| 老黃瓜 | 老黃瓜 | 台灣料理沒有老黃瓜，因此沿用港澳名稱 |
| 小黃瓜 | 青瓜 | |
| 玉米 | 粟米 | |
| 小米／粟米 | 小米 | 學名：粟 |
| 水田芥 | 西洋菜／豆瓣菜 | |
| 青花菜 | 西蘭花 | |
| 白花菜 | 椰菜花 | |
| 高麗菜 | 椰菜 | 中國大陸普遍稱：包菜、包心菜 |
| 大白菜 | 旺菜／紹菜／黃芽白 | |
| 娃娃菜 | 小黃芽白 | |
| 小白菜 | 白菜／白菜仔 | 香港的白菜仔葉子為深綠色，味道稍似台灣黑葉小白菜 |
| 青江菜／湯匙仔菜（台灣閩南語） | 小棠菜／上海青梗菜 | |
| 菜心／萵苣菜芯 | 萵筍 | 近年來台灣也開始把菜心稱為「萵筍」 |
| 油菜菜芯 | 菜芯 | 學名：Brassica Rapa（白菜型油菜，蕓薹屬） |
| 日本油菜／小松菜 | 小松菜 | |

| 唐生菜<br>（俗稱：大陸妹） | 生菜 | |
|---|---|---|
| 紅紫蘇 | 蘇葉 | 中醫食養裡講求藥物屬性的紫蘇，即是指「紅紫蘇」 |
| 青紫蘇／大葉 | 日本蘇葉 | |
| 空心菜 | 通菜 | |
| 佛手瓜 | 合掌瓜 | |
| 馬鈴薯 | 薯仔 | 在中國大陸稱為「土豆」 |
| 花生／土豆<br>（台灣閩南語） | 花生 | |
| 酪梨 | 牛油果 | |
| 白蘿蔔／菜頭 | 白蘿蔔 | |
| 進口紅蘿蔔 | 甘筍<br>（西方品種紅蘿蔔） | 細長外皮薄又光滑，青草味及甜味較淡 |
| 紅蘿蔔／紅菜頭 | 紅蘿蔔 | 顏色深，生食青草味重，煮湯和料理後的風味非常甘甜 |
| 甜菜根 | 紅菜頭 | |
| 荸薺 | 馬蹄／荸薺 | |
| 白木耳 | 銀耳／雪耳 | |
| 山藥／淮山 | 淮山 | |
| 花菇 | 冬菇 | |
| 香菇 | 台灣冬菇 | |
| 杏鮑菇 | 直菇／杏鮑菇 | |
| 紅椒／黃椒 | 紅甜椒／黃甜椒 | |
| 薏仁 | 薏米 | |
| 爆薏仁 | 熟薏米 | |
| 核桃 | 合桃 | |
| 榛果 | 榛子 | |
| 仙草 | 涼粉／涼粉草 | 港式涼粉糖水通常會加入鮮奶油球，讓口感更滑 |
| 山奈 | 沙薑 | |

## 水果／果乾

| 台灣 | 港／澳 | 備註 |
|---|---|---|
| 柑橘類 | 柑橘 | Citrus |
| 橘子、柑橘 | 柑 | Tangerine／Mandarin Orange |
| 蜜柑 | 柑／蜜柑 | Clementine／Algerian Tangerine |
| 鳳梨 | —— | 鳳梨不用去釘（結眼）也不必去芯 |
| —— | 菠蘿 | 和鳳梨很相似，但要去釘（結眼）及去芯 |
| 柳橙／柳丁 | 橙 | Orange |
| 金山橙／香吉士橙 | 橙／新奇士橙 | 取自美國柑橘品牌英文名 Sunkist 讀音 |
| 檸檬 | 青檸 | Lime，皮薄、有濃烈的酸香 |
| 黃檸檬 | 檸檬 | Lemon，皮較厚、水果香氣重 |
| 泰國檸檬 | 泰國青檸 | Kaffir Lime |
| 芭樂／番石榴 | 番石榴 | Guava |
| 紅石榴 | 石榴／神石榴 | Pomegranate |
| 葡萄柚 | 西柚 | |
| 葡萄 | 提子 | |
| 桑葚 | 桑子 | |
| 黑甘蔗／紫皮甘蔗 | 黑皮甘蔗／黑蔗 | |
| 黃甘蔗 | 黃蔗 | |
| 白甘蔗／青皮蔗 | 竹蔗／青皮蔗 | 香港較經常使用在涼茶中 |
| 櫻桃 | 車厘子 | 取自英文 Cherry 讀音 |
| 草莓 | 士多啤梨 | 取自英文 Strawberry 讀音 |
| 百香果 | 熱情果 | Passion Fruit |
| 龍眼肉／桂圓肉 | 圓肉／元肉（俗名） | |
| 糖製蜜棗 | 蜜棗／金絲棗 | |
| 黑棗／煙燻黑棗 | 黑棗／煙燻黑棗 | |
| 煙燻南棗 | 南棗 | |
| 紅棗 | 紅棗／大棗 | |
| 海椰子 | 海底椰 | Lodoicea Maldivica |
| 椰子 | 椰子 | Coconut |

## 調味品／醃漬品／其他

| 台灣 | 港／澳 | 備註 |
|---|---|---|
| 醬油 | 豉油 | |
| 生抽／淡醬油／白醬油 | 生抽 | |
| 老抽 | 老抽 | |
| —— | 豉油王 | 生抽及老抽及蔥薑風味 |
| 大豆釀造醬油 | 大豆醬油 | |
| 豆豉／蔭豉仔 | 豆豉 | |
| 味噌 | 麵豉 | |
| 腐乳 | 腐乳 | |
| 紅麴腐乳 | 南乳 | |
| 豆瓣醬 | 豆醬 | |
| —— | 蜆蚧醬 | 嶺南地區及港澳特有的發酵食品：蜆肉魚醬 |
| 梅乾菜 | 梅菜 | |
| —— | 甜醋 | |
| 台灣米酒 | —— | 蓬萊米酒 |
| 台灣紅標米酒 | —— | 蓬萊米酒混甘蔗製成的糖蜜酒 |
| 純米米酒 | 米酒 | |
| 芝麻油／白芝麻油 | 麻油 | |
| 黑麻油／黑芝麻油 | —— | |
| 黃砂糖 | 黃糖 | |
| 黃冰糖／紅冰糖 | 冰糖 | 香港較無使用白冰糖 |
| 粗鹽 | 粗鹽 | |
| 黑糖／紅糖 | 黑糖 | |
| —— | 片糖 | 港澳特有 |
| 起司／乳酪 | 芝士 | |
| 優格 | 乳酪 | |
| 優酪乳 | 酸奶 | |
| 奶油 | 牛油 | 港澳稱「Butter」為牛油 |
| 鮮奶油 | 忌廉 | Cream 的廣東話近「忌廉」 |
| 冬粉 | 粉絲 | |

作者　包周 Bow.Chou
攝影　包周 Bow.Chou（少數照片除外）
插畫　李信慧 SingLee

責任編輯　蕭歆儀
封面與內頁設計　謝捲子@誠美作
總編輯　林麗文
副總編　梁淑玲、黃佳燕
主編　高佩琳、賴秉薇、蕭歆儀
行銷總監　祝子慧
行銷企劃　林彥伶、朱妍靜

出版　幸福文化／遠足文化事業股份有限公司
發行　遠足文化事業股份有限公司（讀書共和國出版集團）
地址　231 新北市新店區民權路 108 之 2 號 9 樓
郵撥帳號　19504465 遠足文化事業股份有限公司
電話　(02) 2218-1417
信箱　service@bookrep.com.tw

法律顧問　華洋法律事務所 蘇文生律師
印製　凱林彩印股份有限公司
出版日期　西元 2024 年 5 月 初版 6 刷
定價　460 元
ISBN　9786267184363　書號 1KSA0019
ISBN　9786267184370（PDF）
ISBN　9786267184387（EPUB）

四季裡的港式湯水圖鑑

從食補身，常民餐桌上的養生湯水良方與飲食故事

國家圖書館出版品預行編目 (CIP) 資料

四季裡的港式湯水圖鑑：從食補身，常民餐桌上的養生湯水
良方與飲食故事 / 包周著 . -- 初版 . -- 新北市：幸福文化出版
社出版：遠足文化事業股份有限公司發行, 2022.09
　面；　公分
ISBN 978-626-7184-36-3（平裝）
1.CST: 食譜 2.CST: 湯 3.CST: 食療 4.CST: 香港特別行政區
427.1138　　　111014177